南开大学数学教学丛书

复变函数

周性伟　张震球　王险峰　编著

科学出版社
北　京

内 容 简 介

本书是编者在多年教学的基础上撰写的一本复变函数教材，是专门为高等学校中微积分课程之后开设的复变函数课程使用的. 全书共6章，第1章至第4章涉及复数、解析函数、复积分与Cauchy定理、级数等，它们是复变函数中最基本的内容. 第5章和第6章涉及解析开拓、ζ函数、Riemann映照定理等，是前4章内容的延伸，需要有较好的数学分析知识.

本书可供高等院校数学类各专业本科生、研究生阅读，也可供其他有关专业教师和科研人员参考.

图书在版编目(CIP)数据

复变函数/周性伟，张震球，王险峰编著. —北京：科学出版社，2022.3
(南开大学数学教学丛书)
ISBN 978-7-03-071865-5

I. ①复… Ⅱ. ①周… ②张… ③王… Ⅲ. ①复变函数 Ⅳ. ①O174.5

中国版本图书馆CIP数据核字（2022）第042600号

责任编辑：王 静 李香叶／责任校对：杨 赛
责任印制：赵 博／封面设计：陈 敬

科学出版社 出版
北京东黄城根北街16号
邮政编码：100717
http://www sciencep com
固安县铭成印刷有限公司印刷
科学出版社发行 各地新华书店经销
*
2022年3月第 一 版 开本：720 × 1000 1/16
2025年1月第五次印刷 印张：7 3/4
字数：156 000

定价：29.00元

(如有印装质量问题，我社负责调换)

丛书第三版序

《南开大学数学教学丛书》于 1998 年在科学出版社出版, 2007 年出版第二版, 整套丛书列入 "普通高等教育 '十一五' 国家级规划教材" 中. 又过去几年了, 整套丛书又被列入 "'十二五' 普通高等教育本科国家级规划教材" 中. 这些都表明本丛书得到了使用者、读者以及南开大学, 特别是科学出版社的有效支持与帮助, 我们特向他们表示衷心的感谢!

我们曾被问及这套丛书的主编, 编委会是哪些人. 这套丛书虽然没有通常意义上的主编和编委会, 但是有一位 "精神主编": 陈省身先生. 中国改革开放后, 年事已高的陈省身先生回到祖国, 为将中国建设成数学大国、数学强国奋斗不息. 他这种崇高的精神感召我们在他创建的南开大学数学试点班的教学中尽我们的力量. 这套丛书就是我们努力的记录和见证.

陈省身先生为范曾的《庄子显灵记》写了序. 在这篇序中陈先生说在爱因斯坦书房的书架上有一本德译本老子的《道德经》.《道德经》第一句话说: "道可道, 无常道." 道总是在发展着的. 我们曾说: "更高兴地期待明天它 (《南开大学数学教学丛书》) 被更新、被更好的教材取而代之." 当然这需要进行必要的改革.《道德经》还说:"治大国若烹小鲜." 就是说要改革, 但不能瞎折腾.

我们虽已年过古稀 (有一位未到古稀但也逾花甲), 但仍想为建设数学强国出一点力, 因此推出这套丛书的第三版. 同时也藉此感谢支持帮助过我们的诸位! 陈省身先生离开我们快十周年了, 我们也藉此表示对陈省身先生的深切怀念!

全体编著者
2013 年 9 月于南开大学

丛书第一版序

海内外炎黄子孙都盼望中国早日成为数学大国, 也就是 "实现中国数学的平等和独立"①. 平等和独立是由中国出类拔萃的数学家及其杰出的研究工作来体现的, 要有出类拔萃的数学家就要培养一批优秀的研究生、大学生. 这批人不在多, 而在精, 要层次高. 也就是要求他们热爱数学、基础扎实、知识面广、能力强.

20 世纪 80 年代中期, 国家采纳了陈省身先生的几个建议. 建议之一是为培养高质量的数学专业的大学生, 需要建立数学专业的试点班. 经过胡国定先生等的努力, 1986 年在南开建立了数学专业的试点班. 这些做法取得了成功, 并在基础学科的教学中有了推广. 1990 年在全国建立 "国家理科基础学科研究和教学人才培养基地", 南开数学专业成为基地之一. 从 1986 年到现在的 10 余年中南开数学专业是有成绩的, 如他们 4 次参加全国大学生数学竞赛获 3 次团体第一, 一次团体第三. 在全国和国际大学生数学建模比赛中均获一等奖. 毕业生中的百分之八十继续攻读研究生, 其中许多人取得了很好的成绩.

当然, 取得这些成绩是与陈省身先生的指导、帮助分不开的, 是与国内外同行们的支持与帮助分不开的. 如杨忠道、王叔平、许以超、虞言林、李克正等先生或参与教学计划、课程设置、课程内容的制订, 或到南开任教等. 有了这些指导、帮助与支持, 南开基础数学专业得以广泛吸收国内外先进的数学教学经验, 并以此为基础对数学教学进行了许多改革、创新.

这套丛书是南开大学的部分教材, 编著者们长期在南开数学专业任教, 不断地把自己的心得体会融合到基础知识和基本理论的讲述中去, 日积月累地形成了这套教材. 所以可以说这些教材不是 "编" 出来的, 而是在长期教学中 "教" 出来的, "改" 出来的, 凝聚了我们的一点心血. 这些教材的共同点, 也是我们教学所遵循的共同点是: 首先要加强基础知识、基础理论和基本方法的教学; 同时又要适当地开拓知识面, 尤其注意反映学科前沿的成就、观点和方法; 教学的目的是提高学生的能力, 因此配置的习题中多数是为了巩固知识和训练基本方法, 也有一点习题是为训练学生解题技巧与钻研数学的能力.

我们要感谢科学出版社主动提出将这套教材出版. 这对编著者是件大好事. 编著者虽然尽了很大努力, 一则由于编著者的水平所限, 二则数学的教育和所有学科的教育一样是在不断发展之中, 因此这套教材中的缺欠和不足肯定存在. 我

---

① 陈省身: 在 "二十一世纪中国数学展望" 学术讨论会开幕式上的讲话.

们恳请各位同行不吝指正, 从而使编著者更明确了解教材及教学中的短长, 进而扬长避短, 改进我们的教学. 同时通过这套教材也可向同行们介绍南开的经验教训以供他们参考, 或许有益于他们的工作.

我们再次感谢帮助过南开的前辈、同行们, 同时也希望能继续得到他们的帮助. 办好南开的数学专业, 办好所有学校的数学专业, 把中国数学搞上去. 使中国成为数学大国是我们的共同愿望! 这个愿望一定能实现!

全体编著者

1998 年 6 月于南开大学

前　言

和南开大学数学基地班众多早就出版的教材一样, 本书也是当年为该班编写的, 用作第五学期复变函数课的教材. 但由于各种原因, 延迟到现在才出版！幸好这么多年, 数学科学学院的这门课程基本上还在使用它, 所以这次出版也可算作对过去已出版教材的一种补充.

复变函数是数学专业学生的一门重要基础课. 在形式上它也可以看作是微积分的继续, 因为它研究的还是导数和积分, 只不过研究对象是自变量和因变量都是复数的复变函数！最基本的复数知识, 诸如满足 $i^2 = -1$ 的虚数单位 i, 复数的代数表达式 $x + iy$ 及相关的四则运算等, 是中学教学的内容, 所以本书只在第 1 章中稍微扩充后简单地叙述了一下. 第 2 章中引进了自变量和因变量都是复数的复变函数. 在微积分和实变函数中遇到的函数, 不管自变量是 1 维或多维的, 因变量总是实数, 是 1 维的. 而复变函数的自变量和因变量都在复平面上变动, 都是 2 维的. 由于复数序列及复变函数的极限、连续等概念以及有关的运算法则在形式上和微积分中的实变函数可以说是完全一样的, 因此本书这方面的内容也写得很简练, 没有在"复值"上做更多的发挥. 本书第 2 章的重点是复变函数的导数！虽然其定义和有关的运算法则在形式上也和微积分的类同, 但这里有了一个实质性的差异: 一个动点趋向一个固定点的路径, 在自变量是实数时, 由于是在直线上变动, 所以至多只有两条, 即固定点的左边或右边; 而在自变量是复数时, 因为是在平面上变动, 这样的路径就可以有无穷多条！而不管沿怎样的路径, 要求复值函数的差与相应自变量的差之比趋向同一个极限 (即可导), 这个要求比实变函数的可导性 (特别是多元实函数的偏导数) 要高得多！一个二元实函数可以在一点不连续, 但在该点却有偏导数. 而复变函数在一点可导, 不仅导致该函数在此点连续, 而且它的实部和虚部作为两个二元实值函数, 在该点都可微并且其偏导数之间还有着紧密的联系 (即 Cauchy-Riemann 方程)！因此一个复变函数在某点可导, 说明此函数在该点附近有着极其丰富的内涵！因而解析函数, 即在区域上处处可导的复变函数, 享有实变函数完全不可想象的众多特殊性质！例如, 解析函数在区域内部点上的值完全被它在边界上的值所确定, 而且有明确的表达式 (Cauchy 积分公式); 若解析函数的模 (绝对值) 在区域内部达到最大, 则它必是常数 (最大模原理); 若一个解析函数在区域内"很少"一些点上取值为 0, 则它在整个区域上都为 0 (解析函数唯一性); 解析函数可以把一个没有被挖去洞的平面区域 1-1 对应地映

射成单位圆盘 (Riemann 映照定理); 等等. 所有这些性质都将在本书第 3 章至第 6 章中逐步展开.

我们想要强调的是, 出版的这本书是一本“教材”, 在选材上力求精简, 全部内容可以在 65 学时左右讲完. 对每周只有 3 学时的复变函数课, 用 50 学时讲完前 4 章是合适的.

其次, 阅读本书, 较系统的数学分析知识是必需的. 除一般的一元和多元微积分外, 本书涉及的有: 极限的 ε-N, ε-δ 描述; 实数理论, 例如上、下确界, 有界数列有收敛子列, 紧集, 有限覆盖定理, 区间套定理等; 函数项序列及函数项级数的一致收敛及有关性质等. 总之, 有了数学分析的基础, 读通本书会是一件比较容易的事!

南开大学数学科学学院张震球和王险峰两位教授从事复变函数课教学多年, 不只对本书内容提出了众多宝贵意见, 也为出版做了许多具体工作. 数学科学学院三位研究生黄晓娅、郝学慧和郭亚红用 Tex 编译了本书, 为出版付出了辛勤的劳动. 科学出版社对南开大学数学基地班教材的出版一直给予了极大的关注, 对本书的出版同样也给予了大力支持, 作为本书的主要编写者, 向以上各位表示衷心感谢!

周性伟

2021 年 12 月

目　录

第 1 章 复　　数

1.1 复数的定义及代数运算

设 x 和 y 是两个实数, 则 $z=x+iy$ 称为**复数**, 其中 i 代表一个新的“数”, 满足 $i^2=-1$. i 称为**虚数单位**, 很显然它不是一个实数! 此时 x 称为复数 z 的**实部**, 记为 $x=\mathrm{Re}z$; y 称为复数 z 的**虚部**, 记为 $y=\mathrm{Im}z$. 复数全体记为 $\mathbb{C}$.

一个普通的实数可以看成虚部为 0 的复数, 因此实数全体 $\mathbb{R}$ 是复数全体 $\mathbb{C}$ 的一个子集. 两个复数 $z_1=x_1+iy_1$ 和 $z_2=x_2+iy_2$ 称为**相等**, 当且仅当它们的实部和虚部分别相等, 即 $x_1=x_2$, $y_1=y_2$. 此外它们的**加法**和**乘法**分别定义为

$$z_1+z_2=(x_1+x_2)+i(y_1+y_2),$$

$$z_1z_2=(x_1x_2-y_1y_2)+i(x_1y_2+x_2y_1).$$

定理 1.1.1 设 $z_k=x_k+iy_k$, $k=1,2,3$ 是三个复数. 则

(i) $z_1+z_2=z_2+z_1$, $z_1z_2=z_2z_1$; (**交换律**)

(ii) $z_1+(z_2+z_3)=(z_1+z_2)+z_3$, $z_1(z_2z_3)=(z_1z_2)z_3$; (**结合律**)

(iii) $z_1(z_2+z_3)=z_1z_2+z_1z_3$. (**分配律**)

上述定理的证明请读者自行完成.

定理 1.1.2 (i) 对任何复数 z, $z+0=z$, $z\cdot 1=z$.

(ii) 对任何复数 z, 有唯一的复数 w 使 $z+w=0$. 此时若记 $w=-z$, 则 $w=(-1)z$.

(iii) 对任何非零复数 z, 有唯一的复数 w 使 $zw=1$. 此时记 $w=z^{-1}$.

(iv) 若 $z_1z_2=0$, 则 z_1 和 z_2 中必有一个为 0.

证明 只证 (iii) 和 (iv). 设 $z=x+iy\neq 0$ (于是 $x^2+y^2\neq 0$), $w=u+iv$. 由 $zw=1$ 得 $(xu-yv)+i(xv+yu)=1$. 从而得二元一次方程组

$$xu-yv=1,\quad xv+yu=0.$$

解此方程组得

$$u=\frac{x}{x^2+y^2},\quad v=\frac{-y}{x^2+y^2}.$$

特别地, 若 $z=i$, 即 $x=0$, $y=1$, 则 $i^{-1}=-i$.

其次设 $z_1z_2=0$. 若 $z_2\neq 0$, 则由 (iii) 得

$$z_1=z_1(z_2z_2^{-1})=(z_1z_2)z_2^{-1}=0\cdot z_2^{-1}=0.$$

若 $z_1\neq 0$, 则类似可证 $z_2=0$. □

以后若 $z_2\neq 0$, 则 $\dfrac{z_1}{z_2}$ 定义为 $z_1z_2^{-1}$.

1.2 复数的几何意义、模、共轭复数

把 xy 平面上的点 (x,y) 与复数 $z=x+iy$ 对应起来, 则此时 xy 平面称为**复平面**. 复平面上每一点表示一个复数. 此时两个复数 $z_1=x_1+iy_1$ 和 $z_2=x_2+iy_2$ 的加法, 相当于复平面上由点 (x_1,y_1) 和 (x_2,y_2) 决定的两个向量的加法, 即平行四边形原理 (图 1.2.1). 此外 z_2-z_1 如图 1.2.2.

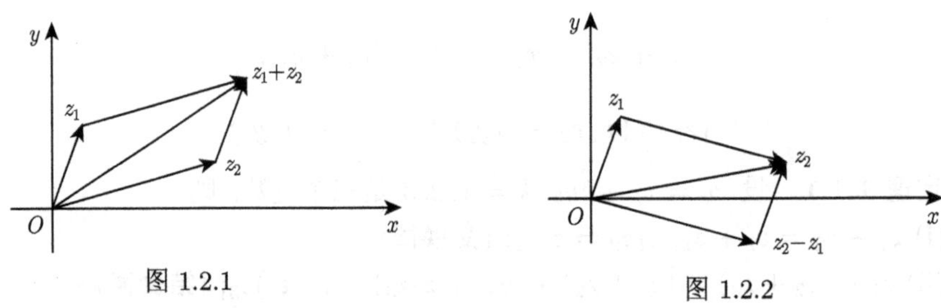

图 1.2.1 图 1.2.2

一个复数 $z=x+iy$ 的**模或绝对值** $|z|$ 定义为

$$|z|=\sqrt{x^2+y^2}.$$

$|z|$ 就是复平面上的点 (x,y) 与原点 $(0,0)$ 的距离.

由定义容易得知

$$\operatorname{Re}z\leqslant|\operatorname{Re}z|=|x|\leqslant|z|,\quad \operatorname{Im}z\leqslant|\operatorname{Im}z|=|y|\leqslant|z|.$$

若 $z_1=x_1+iy_1$ 和 $z_2=x_2+iy_2$ 是两个复数, 则

$$|z_1-z_2|=\sqrt{(x_1-x_2)^2+(y_1-y_2)^2}$$

就是复平面上的点 (x_1,y_1) 和 (x_2,y_2) 的距离.

例 1 若 $a\in\mathbb{C}, r>0$, 则方程 $|z-a|=r$ 的所有解 z 就是复平面上以 a 为圆心, r 为半径的圆周.

若 a 和 $\{z_n\}_{n\geqslant 1}$ 都是复数并且 $\lim\limits_{n\to\infty}|z_n-a|=0$, 则称复数列 $\{z_n\}_{n\geqslant 1}$ 收敛于 a, 记成 $\lim\limits_{n\to\infty} z_n=a$ 或 $z_n\to a$.

注 和实数列一样, 收敛的复数列 $\{z_n\}_{n\geqslant 1}$ 必是有界的, 即有 $M>0$, 使对一切 $n\geqslant 1$, 有 $|z_n|\leqslant M$. 反之, 一个有界的复数列必有收敛子列.

若 $z=x+iy$ 是复数, 则 $\bar{z}=x-iy$ 称为 z 的**共轭复数**. 在复平面上 z 和 $\bar{z}$ 关于 x 轴对称 (图 1.2.3).

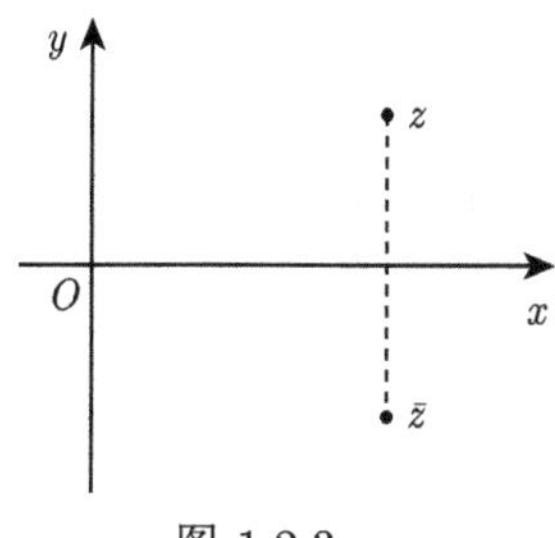

图 1.2.3

定理 1.2.1 (i) $\overline{z_1\pm z_2}=\bar{z}_1\pm\bar{z}_2$, $\overline{z_1z_2}=\bar{z}_1\bar{z}_2$, $\overline{\left(\dfrac{z_1}{z_2}\right)}=\dfrac{\bar{z}_1}{\bar{z}_2}$;

(ii) $\operatorname{Re} z=\dfrac{1}{2}(z+\bar{z})$, $\operatorname{Im} z=\dfrac{z-\bar{z}}{2i}=\dfrac{-i}{2}(z-\bar{z})$;

(iii) $|z|^2=z\bar{z}$;

(iv) $|z_1z_2|=|z_1||z_2|$, $\left|\dfrac{z_1}{z_2}\right|=\dfrac{|z_1|}{|z_2|}$;

(v) $||z_1|-|z_2||\leqslant|z_1+z_2|\leqslant|z_1|+|z_2|$. (三角不等式)

上述定理的证明请读者自行完成.

1.3 复数的极坐标表示

设 (x,y) 是复平面中的一个点, $x^2+y^2\neq 0$. 此时就有正数 $r>0$ 及实数 θ 使 (图 1.3.1)

$$x=r\cos\theta,\quad y=r\sin\theta.$$

于是复数 $z=x+iy$ 就可写为 $z=r(\cos\theta+i\sin\theta)$. 约定记

$$e^{i\theta}=\cos\theta+i\sin\theta,\quad \theta \text{ 为实数}, \tag{1.1}$$

则

$$z=re^{i\theta}. \tag{1.2}$$

(1.2) 称为复数 z 的**极坐标表示**, 其中 $r=|z|$, θ 称为 z 的**辐角**, 记为 $\theta=\operatorname{Arg} z$.

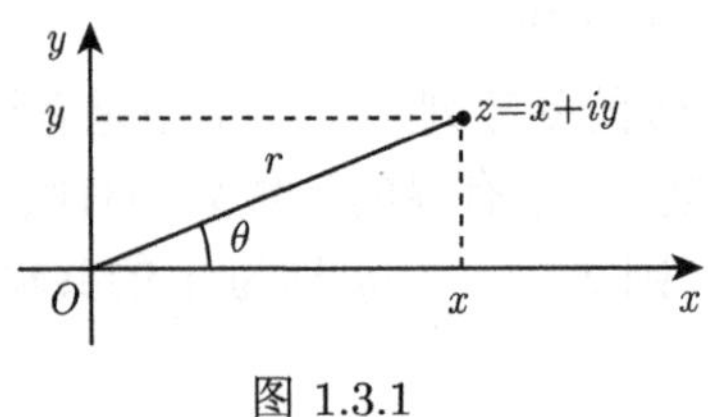

图 1.3.1

很明显, 满足 (1.2) 的 θ 不是唯一的. 事实上, 若某个 θ 满足 (1.2), 则对任何整数 n 同样有 $z=re^{i(\theta+2n\pi)}$. 因此 $\operatorname{Arg} z$ 事实上是一个集合: $\operatorname{Arg} z=\{\theta+2n\pi: n$ 是整数$\}$.

若 θ 满足(1.2), 并且 $-\pi<\theta\leqslant\pi$, 则这样的 θ 是唯一的, 它称为 z 的**辐角主值**, 记为 $\arg z$. 因此 $-\pi<\arg z\leqslant\pi$. 例如 $\arg(1)=0$, $\arg(-1)=\pi$, $\arg(i)=\dfrac{\pi}{2}$, 等等.

以后对任何实数 θ, 约定记

$$e^{-i\theta}=e^{i(-\theta)}.$$

下面定理容易证明.

定理 1.3.1　(i) $e^{i(\theta_1+\theta_2)}=e^{i\theta_1}\cdot e^{i\theta_2}$;

(ii) $e^{-i\theta}=e^{i(-\theta)}=\left(e^{i\theta}\right)^{-1}=\dfrac{1}{e^{i\theta}}$;

(iii) 若 $z=re^{i\theta}\neq 0$, 则 $z^{-1}=\dfrac{1}{z}=\dfrac{1}{re^{i\theta}}=\dfrac{1}{r}e^{-i\theta}$;

(iv) 设 $z_1=r_1e^{i\theta_1}$ 和 $z_2=r_2e^{i\theta_2}$ 是两个非零复数. 则为使 $z_1=z_2$, 充要条件是 $r_1=r_2$ 并且 $\theta_1-\theta_2$ 是 2π 的整数倍.

例 1　设 $r>0$ 是固定正数, 则 $z=re^{i\theta}$, $-\pi<\theta\leqslant\pi$ 是圆心在原点, 半径为 r 的圆周的参数方程.

例 2　设 θ 是固定实数, 则 $z=re^{i\theta}$, $r>0$ 是辐角为 θ 的半射线的参数方程.

例 3　固定正数 $r>0$ 及复数 z_0, 则 $z=z_0+re^{i\theta}$, $-\pi<\theta\leqslant\pi$ 是圆心在 z_0, 半径为 r 的圆周的参数方程.

例 4　设 A, C 是实数, 研究由方程 $A|z|^2+Bz+\overline{Bz}+C=0$ 确定的解 z 所构成的曲线 Γ.

解　设 $B=B_1+iB_2$, $z=x+iy$.

若 $A=0, B\neq 0$, 则方程变为

$$(B_1+iB_2)(x+iy)+(B_1-iB_2)(x-iy)+C=0,$$

即 $2B_1x-2B_2y+C=0$. 故此时 Γ 为复平面上的直线.

若 $A\neq 0$, 则容易验证原方程等价于

$$\left|z+\frac{\overline{B}}{A}\right|^2=\frac{|B|^2-AC}{|A|^2}.$$

因此当 $|B|^2-AC>0$ 时, Γ 是以 $-\dfrac{\overline{B}}{A}$ 为圆心, $\dfrac{\sqrt{|B|^2-AC}}{|A|}$ 为半径的圆周; 当 $|B|^2-AC=0$ 时, Γ 退化为一个点 $-\dfrac{\overline{B}}{A}$; 当 $|B|^2-AC<0$ 时, Γ 是空集, 即方程无解.

1.4 幂 和 根

设 z 是复数, n 是整数. 当 $z\neq 0$ 时定义 $z^0=1$; 当 n 是正整数时定义 $z^n=\underbrace{z\cdot z\cdots z}_{n}$; 当 $z\neq 0$, n 是负整数时定义 $z^n=(z^{-1})^{-n}$.

定理 1.4.1 设 $z=re^{i\theta}\neq 0$, 则对任何整数 n, $z^n=r^ne^{in\theta}$.

证明 当 $n=0$ 时定理成立. 当 n 是正整数时, 由定理 1.3.1 知本定理成立. 当 n 是负整数时, 由定义得

$$z^n=\left(z^{-1}\right)^{-n}=\left(\frac{1}{z}\right)^{-n}=\left(\frac{1}{re^{i\theta}}\right)^{-n}=\left(\frac{1}{r}e^{-i\theta}\right)^{-n}=r^ne^{in\theta}. \qquad \square$$

推论 (De Moivre 公式) 对任何整数 n 及实数 θ,

$$(\cos\theta+i\sin\theta)^n=\cos n\theta+i\sin n\theta.$$

证明 在定理 1.4.1 中令 $z=e^{i\theta}$ 即可. $\square$

设 $n\geqslant 2$ 是一个正整数, 求方程 $z^n=1$ 的解.

由于 $|z|^n=|z^n|=1$, 因此 $|z|=1$. 故 $z=e^{i\theta}$. 而为使 $1=z^n=e^{in\theta}$, 充要条件是 $n\theta$ 是 2π 的整数倍, 即 $n\theta=2k\pi$ 或 $\theta=\dfrac{2k\pi}{n}$, 其中 k 为整数.

但当 $k\geqslant n$ 时, $k=pn+q$, 其中 $p\geqslant 1$, $0\leqslant q\leqslant n-1$. 于是

$$e^{i\frac{2k\pi}{n}}=e^{i\left(2p\pi+\frac{2q\pi}{n}\right)}=e^{i2p\pi}\cdot e^{i\frac{2q\pi}{n}}=e^{i\frac{2q\pi}{n}}.$$

当 $k<0$ 时, $k=pn+q$, 其中 $p\leqslant -1$, $0\leqslant q\leqslant n-1$, 同样有 $e^{i\frac{2k\pi}{n}}=e^{i\frac{2q\pi}{n}}$. 因此 $e^{in\pi}=1$ 有且只有 n 个不同的解, 即

$$\omega_k=e^{2k\pi i/n},\quad k=0,1,2,\cdots,n-1,$$

它们称为 1 的 n **次单位根**. 这些根把单位圆 $|z|=1$ 进行 n 等分 (图 1.4.1 是 $n=6$ 的情形).

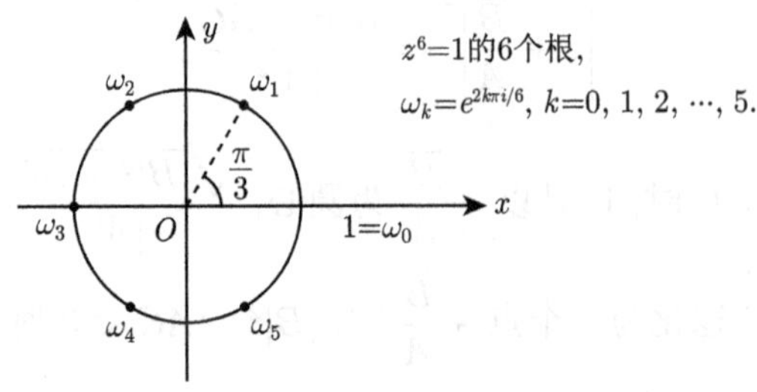

图 1.4.1

一般地, 设 $n\geqslant 2$ 是一个正整数, $z_0=r_0e^{i\theta_0}\neq 0$. 则方程 $z^n=z_0$ 有且只有 n 个不同的解, 它们是

$$\omega_k=\sqrt[n]{r_0}e^{(2k\pi+\theta_0)i/n},\quad k=0,1,2,\cdots,n-1,$$

它们统称为 z_0 的 n **次根**, 或者 $\sqrt[n]{z_0}$ 的 n 个值, 其中 $\sqrt[n]{r_0}$ 表示唯一的一个正数, 满足 $\left(\sqrt[n]{r_0}\right)^n=r_0$. 这些根把以圆心在原点, 半径为 $\sqrt[n]{r_0}$ 的圆 n 等分.

例 1 求 $\sqrt[4]{i}$ (图 1.4.2).

解 $i=e^{i\frac{\pi}{2}}$, 故 $\sqrt[4]{i}$ 有 4 个值: $\omega_k=e^{i\left(\frac{\pi}{8}+\frac{k\pi}{2}\right)}$, $k=0,1,2,3$.

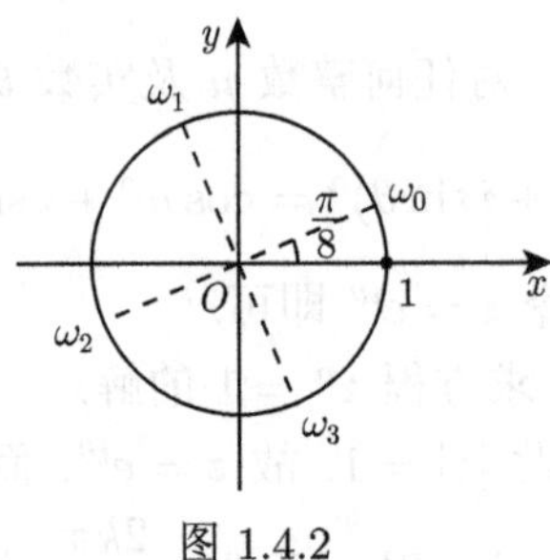

图 1.4.2

例 2 求 $\sqrt[3]{1-i}$ (图 1.4.3).

解 $1-i=\sqrt{2}e^{i\left(-\frac{\pi}{4}\right)}$, 故 $\sqrt[3]{1-i}$ 有 3 个值: $\omega_k=\sqrt[6]{2}e^{i\left(-\frac{\pi}{12}+\frac{2k\pi}{3}\right)}$, $k=0,1,2$.

例 3 若 $c\neq 0$, 求证 $\sqrt{c}$ 有两个值 c_1 和 c_2, 其中 $c_2=-c_1$ (图 1.4.4).

解 此时若 $c=re^{i\theta}$, 则 $\sqrt{c}$ 有两个值 $c_1=\sqrt{r}e^{i\frac{\theta}{2}}$ 及

$$c_2=\sqrt{r}e^{i\left(\frac{\theta}{2}+\pi\right)}=\sqrt{r}e^{i\frac{\theta}{2}}\cdot e^{i\pi}=-\sqrt{r}e^{i\frac{\theta}{2}}=-c_1.$$

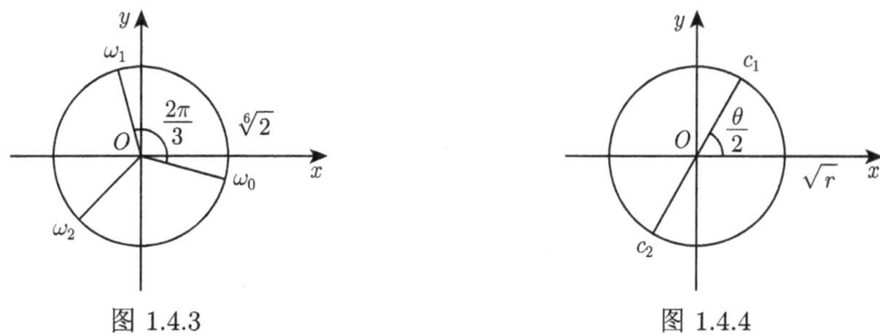

图 1.4.3　　　　图 1.4.4

例 4　设 $a \neq 0$, 求证方程 $az^2+bz+c=0$ 有两个解, 它们是 $\dfrac{-b \pm \sqrt{b^2-4ac}}{2a}$.

证明　$az^2+bz+c=0$ 等价于 $\left(z+\dfrac{b}{2a}\right)^2 = \dfrac{b^2-4ac}{4a^2}$. 从而由例 3 知 $z+\dfrac{b}{2a}$ 有两个值 $\dfrac{\pm\sqrt{b^2-4ac}}{2a}$. □

1.5　推广复平面及其球面表示

令 $\mathbb{C}_\infty = \mathbb{C} \cup \{\infty\}$, 即 $\mathbb{C}_\infty$ 是复数全体 (或复平面) 加入一个“数” ∞ 后所得的集合. 其几何意义如下 (图 1.5.1).

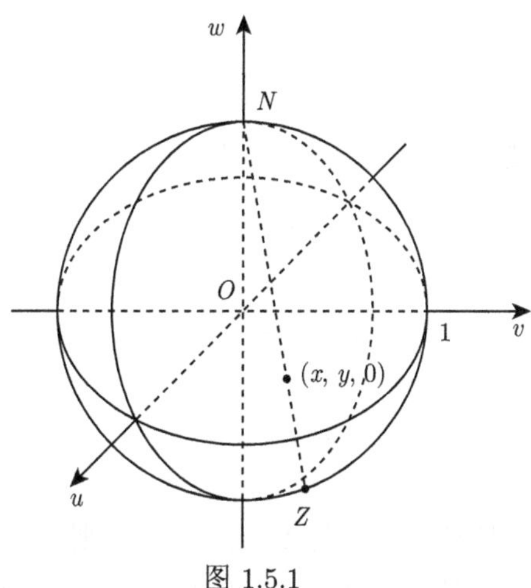

图 1.5.1

令 S 表示三维空间 $\mathbb{R}^3$ 中的单位球面, 即 $S = \{(u,v,w) : u^2+v^2+w^2=1\}$. 取定复平面中的点 (x,y). 此点在 $\mathbb{R}^3$ 中的坐标为 $(x,y,0)$. 把该点与 S 上的北极 $N=(0,0,1)$ 连结, 得到直线

$$u = tx, \quad v = ty, \quad w = 1 - t,$$

其中参数 t 是实数. 此直线与 S 的交点 Z 可通过求方程 $(tx)^2+(ty)^2+(1-t)^2=1$ 的解 t 得到

$$t = \frac{2}{x^2+y^2+1} = \frac{2}{|z|^2+1}, \quad z = x + iy.$$

这样交点

$$Z = (u, v, w) = \left(\frac{2x}{x^2+y^2+1}, \frac{2y}{x^2+y^2+1}, \frac{x^2+y^2-1}{x^2+y^2+1}\right),$$

或

$$Z = \left(\frac{z+\bar{z}}{|z|^2+1}, \frac{-i(z-\bar{z})}{|z|^2+1}, \frac{|z|^2-1}{|z|^2+1}\right).$$

可以看出, 当 $|z|>1$ 时, 交点 Z 在 uv 平面之上; 当 $|z|=1$ 时, 交点 Z 在 uv 平面中的单位圆周上; 当 $|z|<1$ 时, 交点 Z 在 uv 平面之下.

现令复数 z 与 Z 对应, 而令 ∞ 与 S 上的北极 $N=(0,0,1)$ 对应, 则 $\mathbb{C}_\infty$ 与 S 之间建立了一个完全 1-1 对应. 这就是推广复平面 $\mathbb{C}_\infty$ 的球面表示, 而 S 也就称为 **Riemann 球面**.

1.6 复平面中的一些拓扑概念

设 $a \in \mathbb{C}, \varepsilon > 0$, 则

$$V(a,\varepsilon) = \{z \in \mathbb{C} : |z-a| < \varepsilon\}$$

称为 a 的 ε-邻域, 它就是复平面 $\mathbb{C}$ 中以 a 为圆心, 以 ε 为半径的圆盘 (图 1.6.1).

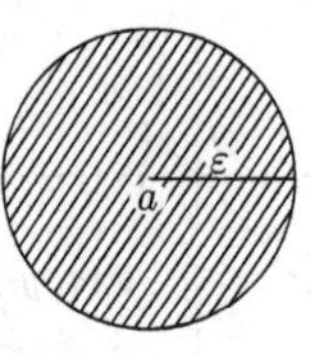

图 1.6.1

设 $E \subset \mathbb{C}, a \in E$ 而且有 $\varepsilon > 0$ 使 $V(a,\varepsilon) \subset E$, 则 a 称为 E 的**内点**, E 称为 a 的**邻域**. E 中所有内点的集合称为 E 的**内核**, 记为 E^0. 例如对任何 $V(a,\varepsilon)$, 它的内核 $[V(a,\varepsilon)]^0 = V(a,\varepsilon)$.

若 $E \subset \mathbb{C}$ 而且 $E^0 = E$, 即 E 中的所有点都是 E 的内点, 则 E 称为开集. 例如 $V(a,\varepsilon)$ 就是一个开集. 整个复平面 $\mathbb{C}$ 显然是一个**开集**. 空集 $\varnothing$ 也被定义为开集. 若 E 是开集, 则 $E^c = \mathbb{C} - E$ 称为**闭集**.

若 E 是一个开集, 并且 E 中任何两点可以用一条完全位于 E 中的折线把它们联接来, 则 E 称为是**连通的**. 连通开集简称为**开域**.

设 $E \subset \mathbb{C}, a \in \mathbb{C}$. 若 a 的任何邻域中都有 $E - \{a\}$ 中的点, 则 a 称为 E 的**聚点**, E 的聚点全体称为 E 的**导集**, 记为 E'. 又若 a 的任何一个邻域中既有 E 中的点也有 $E^c = \mathbb{C} - E$ 中的点, 则 a 称为 E 的**边界点**. E 的边界点全体记为 ∂E, 称为 E 的**边界**. 例如 $\partial V(a, \varepsilon) = \{z \in \mathbb{C} : |z - a| = \varepsilon\}$, 即 $V(a, \varepsilon)$ 的边界是以 a 为圆心, ε 为半径的圆周. 以后我们特别记

$$\overline{E} = E \cup \partial E,$$

$\overline{E}$ 称为 E 的**闭包**. 例如 $\overline{V}(a, \varepsilon) = \{z \in \mathbb{C} : |z - a| \leqslant \varepsilon\}$.

开集和它一部分边界点的并集称为**区域**.

定理 1.6.1 $\mathbb{C}$ 中任何连通开集不可能表示为两个不相交非空开集的并.

证明 设 $C \subset \mathbb{C}$ 是连通开集. 假设 $C = A \cup B$, 其中 A 和 B 是两个不相交的非空开集. 任取 $a \in A, b \in B$, 于是有位于 C 中的折线联接 a 与 b. 不失一般性, 设 a 和 b 都在实轴上, 而且这个折线就是直线段 $[a, b]$. 现把 $[a, b]$ 均分为两段, 则其中必有一段其左端点属于 A, 右端点属于 B, 记此线段为 $[a_1, b_1]$. 再把 $[a_1, b_1]$ 均分为两段, 则其中又有一段其左端点属于 A, 右端点属于 B, 记此线段为 $[a_2, b_2]$. 此过程可无限进行下去, 得到一个区间列 $\{[a_n, b_n]\}_{n \geqslant 1}$. 由数学分析知识得知该区间列有唯一的公共点 ξ. 由于 $\xi \in C$, 从而或者 $\xi \in A$ 或者 $\xi \in B$. 但 ξ 的任何邻域中有 B 中的点, 而 A 是开集, 从而 $\xi \notin A$, 同理 $\xi \notin B$. 故 $\xi \notin A \cup B = C$. 这个矛盾说明本定理为真. □

最后我们规定, 一个复数列 $\{z_n\}_{n \geqslant 1}$ 的收敛子列的极限称为该复数列的**极限点**. 例如 $\{0, 1, 0, 1, \cdots\}$ 有两个极限点 0 和 1.

习 题 1

1. 设 $z_1 = 2 + i, z_2 = 3 - 4i, z_3 = 7 + 5i$. 求 $z_1 - 2z_2$, $z_1 z_3 + z_2$, z_2^3, $\dfrac{z_1}{z_3}$.

2. 求 $s = \sum\limits_{n=0}^{11} i^n$.

3. 求 $\left|\dfrac{1}{1+3i} - \dfrac{1}{1-3i}\right|$.

4. 设 θ 是实数, $z = \dfrac{1 - \cos\theta + i\sin\theta}{1 + \cos\theta - i\sin\theta}$, 求 $\operatorname{Re} z, \operatorname{Im} z$.

5. 求所有实数 a 和 b, 使 $1 + 2i$ 是方程 $z^3 + az + b = 0$ 的解.

6. 设 $a, z \in \mathbb{C}, |a| < 1$.

(i) 求证: 为使 $\left|\dfrac{z - a}{1 - \bar{a}z}\right| < 1$, 充要条件是 $|z| < 1$.

(ii) 求证: 为使 $\left|\dfrac{z-a}{1-\bar{a}z}\right|=1$, 充要条件是 $|z|=1$.

注 本题中的函数 $\dfrac{z-a}{1-\bar{a}z}$ $\left(\text{或}\dfrac{a-z}{1-\bar{a}z}\right)$ 称为 Blaschke 因子, 其中 $|a|<1$, 它在复变函数理论中起着重要作用.

7. 设 Γ 表示圆心在原点, 半径为 2 的圆周在第一象限部分的弧. 试问当 z 在 Γ 上变化时, z^2 描绘出怎样的曲线?

8. 试在复平面上描述由下列不等式所确定的 z 的点集.

(i) $|z-2|<2$ 及 $|z-i|>2$;　(ii) $\operatorname{Re} z-\operatorname{Im} z<1$;　(iii) $|z-i|\leqslant|z-2|$.

9. 求证 $|z_1+z_2|^2+|z_1-z_2|^2=2\left(|z_1|^2+|z_2|^2\right)$, 并说明其几何意义.

10. 设 $z_1\neq z_2, k>0$.

(i) 求证当 $k=1$ 时, 方程 $\left|\dfrac{z-z_1}{z-z_2}\right|=k$ 的所有解构成一条直线; 并讨论它与 z_1 和 z_2 是什么关系?

(ii) 求证当 $0<k<1$ 时, 方程 $\left|\dfrac{z-z_1}{z-z_2}\right|=k$ 的所有解构成一个圆周, 并求该圆周的圆心和半径.

11. 将复数 $\dfrac{1+i}{\sqrt{3}-i}$ 写成极坐标形式.

12. 试把下面的复数 z 分别用代数形式和极坐标形式表示出来.

$$z=\frac{1}{1+\cos t+i\sin t},$$

其中 $t\in[0,2\pi], t\neq\pi$.

13. 求证 $\left|\sum\limits_{k=1}^{n} z_k\right|\leqslant\sum\limits_{k=1}^{n}|z_k|$, 并求等式成立的充要条件.

14. 若 $a_0>a_1>\cdots>a_n>0$, 求证对任何 $|z|\leqslant 1$ 有 $f(z)=\sum\limits_{k=0}^{n} a_k z^k\neq 0$.

15. 求 $z_0\neq 0$ 关于直线 $x-y=0$ 对称的点.

16. 求 $\sqrt{i}$, $\sqrt[3]{i}$ 及 $\sqrt{1+i}$.

17. 求解方程 $(z+1)^5=z^5$.

18. 设 $z_1\neq 0, z_2\neq 0$, 求证线段 Oz_1 和 Oz_2 垂直的充要条件是 $z_1\bar{z}_2+\bar{z}_1 z_2=0$.

19. 设 z_1, z_2 和 z_3 是单位圆上按逆时针方向的三个点. 若 z_1 按逆时针方向到 z_3 的夹角小于 π, 求证 $|z_1+z_2+z_3|>1$.

20. 设 $w\neq a$, $r>0$. 求 w^*, 使 $\arg(w-a)=\arg(w^*-a)$ 并且 $|w-a|\,|w^*-a|=r^2$. (此时 w 和 w^* 称为关于圆周 $|z-a|=r$ 是对称的.)

若 $a=0, r=1, w=\dfrac{1}{2}(1+i)$, 写出 w^* 的具体表达式.

21. 求证为使复平面上的三点 a_1, a_2, a_3 是等边三角形的三个顶点, 充要条件是

$$a_1^2+a_2^2+a_3^2=a_1a_2+a_2a_3+a_3a_1.$$

22. 设 $D\subset\mathbb{C}, D\neq\mathbb{C}$, 求证 $\partial D\neq\varnothing$, 即 D 必有边界点.

第 2 章　解析函数

2.1　一个复变量的函数

所谓定义在复数集 D 上的一个函数, 是指一种规则 f, 使对每一 $z \in D$, 通过规则 f, 有一个复数 w 与之对应, 记为

$$w = f(z), \quad z \in D.$$

此时 D 称为函数 f 的**定义域**, $f(D)$ 称为 f 的**值域**. 现若 $z = x + iy$, 则 w 就是依赖于实变量 x 和 y 的一个复数, 因此 $w = u(x, y) + iv(x, y)$, 其中 $u(x, y)$ 和 $v(x, y)$ 是两个依赖于实变量 x 和 y 的实值函数. 此时 $w = f(z)$ 既可写成 $f(x + iy) = u(x, y) + iv(x, y)$, 也可写成 $f(z) = u(z) + iv(z)$. 例如对函数 $w = f(z) = z^2$, 我们有 $f(x + iy) = (x + iy)^2 = (x^2 - y^2) + 2xyi$, 因此 $u = x^2 - y^2$, $v = 2xy$. 同时我们也可写成 $f(z) = u(z) + iv(z)$, 其中 $u(z) = \dfrac{1}{2}[z^2 + \bar{z}^2], v(z) = \dfrac{1}{2i}[z^2 - \bar{z}^2]$, 这是两个实值函数.

2.2　极限与连续

复函数的极限和连续等的概念与实函数基本相同. 下面的 z_0 和 w_0 都是固定复数.

极限 $\lim\limits_{z \to z_0} f(z) = w_0$ 是指对任何 $\varepsilon > 0$, 有 $\delta > 0$, 使对满足 $0 < |z - z_0| < \delta$ 的一切 z 皆有 $|f(z) - w_0| < \varepsilon$;

极限 $\lim\limits_{z \to z_0} f(z) = \infty$ 是指对任何 $M > 0$, 有 $\delta > 0$, 使对满足 $0 < |z - z_0| < \delta$ 的一切 z 皆有 $|f(z)| > M$;

极限 $\lim\limits_{z \to \infty} f(z) = w_0$ 是指对任何 $\varepsilon > 0$, 有 $P > 0$, 使对满足 $|z| > P$ 的一切 z 皆有 $|f(z) - w_0| < \varepsilon$;

极限 $\lim\limits_{z \to \infty} f(z) = \infty$ 是指对任何 $M > 0$, 有 $P > 0$, 使对满足 $|z| > P$ 的一切 z 皆有 $|f(z)| > M$.

利用上述定义容易证明 $\lim\limits_{z \to i} z^2 = i^2 = -1$, $\lim\limits_{z \to 0} \dfrac{1}{z} = \infty$, $\lim\limits_{z \to \infty} \dfrac{1}{z} = 0$, $\lim\limits_{z \to \infty} z^2 = \infty$, 等等.

定理 2.2.1 设 $w = f(z) = u(x,y) + iv(x,y)$, $z_0 = x_0 + iy_0$, $w_0 = u_0 + iv_0$. 则为使有极限 $\lim\limits_{z\to z_0} f(z) = w_0$, 充要条件是 $\lim\limits_{(x,y)\to(x_0,y_0)} u(x,y) = u_0$ 并且 $\lim\limits_{(x,y)\to(x_0,y_0)} v(x,y) = v_0$.

定理 2.2.2 设 $\lim\limits_{z\to z_0} f_1(z) = w_1$, $\lim\limits_{z\to z_0} f_2(z) = w_2$, 则 $\lim\limits_{z\to z_0}[f_1(z) \pm f_2(z)] = w_1 \pm w_2$; $\lim\limits_{z\to z_0} f_1(z)f_2(z) = w_1w_2$; $\lim\limits_{z\to z_0} \dfrac{f_1(z)}{f_2(z)} = \dfrac{w_1}{w_2}$ $(w_2 \neq 0)$.

再设 $f(z)$ 在 z_0 的一个邻域中有定义. 若 $\lim\limits_{z\to z_0} f(z) = f(z_0)$, 则称 $f(z)$ 在 z_0 **连续**. 若 $f(z)$ 在开域 D 中的每一点连续, 则称 $f(z)$ 是 D 上的**连续函数**.

定理 2.2.3 若函数 f 和 g 都在 z_0 连续, 则 $f \pm g, fg$ 也都在 z_0 连续; 此外当 $g(z_0) \neq 0$ 时, $\dfrac{f}{g}$ 也在 z_0 连续.

定理 2.2.4 设 $f(z) = u(x,y) + iv(x,y)$, $z_0 = x_0 + iy_0$. 则为使 f 在 z_0 连续, 充要条件是 u 和 v 都在点 (x_0, y_0) 连续.

定理 2.2.5 设函数 f 在 z_0 连续, $w_0 = f(z_0)$, 而函数 h 在 w_0 连续, 则复合函数 $h \circ f$ 在 z_0 连续, 即 $\lim\limits_{z\to z_0} h(f(z)) = h(f(z_0)) = h(w_0)$.

定理 2.2.6 设 D 是一个有界开域, f 在 $\overline{D} = D \cup \partial D$ 上连续, 即对任何 $z_0 \in \overline{D}$,

$$\lim_{z\in\overline{D},\ z\to z_0} f(z) = f(z_0),$$

则 f 在 $\overline{D}$ 上有界, 即有 $M > 0$, 使对任何 $z \in \overline{D}$ 有 $|f(z)| \leqslant M$, 并且 $|f(z)|$ 在 $\overline{D}$ 上能取到最大值和最小值. 此外 f 在 $\overline{D}$ 上一致连续, 即对任何 $\varepsilon > 0$, 有 $\delta > 0$, 使对 $\overline{D}$ 中任何两点 z_1 和 z_2, 只要 $|z_1 - z_2| < \delta$, 就有 $|f(z_1) - f(z_2)| < \varepsilon$.

上述这些定理的结论基本上类同于多元微积分, 其证明请读者自行完成.

2.3 导 数

设函数 f 定义在开域 D 上, $z_0 \in D$, 则复数 $f'(z_0)$ 称为 f 在 z_0 的**导数**, 若

$$\lim_{z\to z_0} \frac{f(z) - f(z_0)}{z - z_0} = f'(z_0).$$

此时也称 f 在 z_0 点**可导** (或**可微**).

若 $w = f(z)$ 在 z 可导, $\Delta z \neq 0$, $\Delta w = f(z + \Delta z) - f(z)$, 则 f 在点 z 的导数也可写为

$$\lim_{\Delta z\to 0} \frac{\Delta w}{\Delta z} = \lim_{\Delta z\to 0} \frac{f(z + \Delta z) - f(z)}{\Delta z} = f'(z).$$

此时 $f'(z)$ 有时也记为 $\dfrac{df(z)}{dz}$ 或 $\dfrac{dw}{dz}$.

例 1 设 $w=f(z)=z^2$, 则 $f(z+\Delta z)-f(z)=(z+\Delta z)^2-z^2=2z\cdot\Delta z+(\Delta z)^2$, 因此

$$\frac{\Delta w}{\Delta z}=\frac{f(z+\Delta z)-f(z)}{\Delta z}=2z+\Delta z\to 2z \quad (\Delta z\to 0),$$

从而对任何 $z\in\mathbb{C}$, $(z^2)'=2z$.

例 2 设 $w=f(z)=|z|^2$, 则 $f(z+\Delta z)-f(z)=|z+\Delta z|^2-|z|^2=z\cdot\overline{\Delta z}+\bar{z}\cdot\Delta z+|\Delta z|^2$. 于是

$$\frac{\Delta w}{\Delta z}=\frac{f(z+\Delta z)-f(z)}{\Delta z}=z\cdot\frac{\overline{\Delta z}}{\Delta z}+\bar{z}+\overline{\Delta z}.$$

现若 Δz 是实数, $\Delta z\to 0$, 此时 $\Delta z=\overline{\Delta z}$, 故 $\dfrac{\Delta w}{\Delta z}\to z+\bar{z}$; 而若 $\Delta z=it$, 其中 t 是实数, $t\to 0$, 此时 $\Delta z\to 0$, $\overline{\Delta z}=-it=-\Delta z$, 因此 $\dfrac{\Delta w}{\Delta z}\to -z+\bar{z}$. 很明显当 $z\neq 0$ 时, $z+\bar{z}\neq -z+\bar{z}$. 因此 $f(z)=|z|^2$ 当且仅当 $z=0$ 时可导, $f'(0)=0$.

定理 2.3.1 (i) 常值函数在任一点的导数为 0;

(ii) 若 n 为正整数, 则对任何 $z\in\mathbb{C}$, $(z^n)'=nz^{n-1}$(n 为负整数时此公式对 $z\neq 0$ 也成立);

(iii) 若 c 为常数, 则 $[cf(z)]'=cf'(z)$;

(iv) $[f(z)\pm g(z)]'=f'(z)\pm g'(z)$;

(v) $[f(z)g(z)]'=f'(z)g(z)+f(z)g'(z)$;

(vi) $\left[\dfrac{f(z)}{g(z)}\right]'=\dfrac{f'(z)g(z)-f(z)g'(z)}{g^2(z)}$ $(g(z)\neq 0)$;

(vii) $[h\circ f(z)]'=h'(f(z))f'(z)$ (**复合函数求导法**);

(viii) 若函数 $f(z)$ 在 z_0 可导, 则 $f(z)$ 在 z_0 连续.

证明 我们只证 (viii). 其他读者可自行证明. 此时当 $z\neq z_0$, $z\to z_0$ 时,

$$f(z)=\frac{f(z)-f(z_0)}{z-z_0}(z-z_0)+f(z_0)\to f'(z_0)\cdot 0+f(z_0)=f(z_0). \qquad \square$$

2.4 Cauchy-Riemann 方程

在前面的例 $w=f(z)=|z|^2$ 中, 我们已得知 $f(z)$ 在且仅在 $z=0$ 处有导数. 但此时 $f(z)=|z|^2=u(x,y)+iv(x,y)$, 其中 $u(x,y)=x^2+y^2$, $v(x,y)=0$.

而这两个二元实值函数 u 和 v 在任何点 (x,y) 处有各阶连续偏导数. 这个例子说明：两个性质非常好的二元实函数 $u(x,y)$ 和 $v(x,y)$ 组合而成的复值函数 $f(z)=u(x,y)+iv(x,y)$ 可能没有导数.

因此产生了下面的问题：$u(x,y)$ 和 $v(x,y)$ 应该在 (x_0,y_0) 有怎样的性质才能使复值函数 $f(z)=u(x,y)+iv(x,y)$ 在 $z_0=x_0+iy_0$ 可导?

定理 2.4.1 设 $f(z)=u(x,y)+iv(x,y)$ 定义在开域 D 上, $z_0=x_0+iy_0\in D$. 若 f 在 z_0 可导, 则 u 和 v 在 (x_0,y_0) 的一阶偏导数存在, 并且在该点处有下面的 **Cauchy-Riemann 方程**, 简称 C-R 方程,

$$u_x(x_0,y_0)=v_y(x_0,y_0),\quad u_y(x_0,y_0)=-v_x(x_0,y_0),$$

此外, $f'(z_0)=u_x(x_0,y_0)+iv_x(x_0,y_0)\ (=v_y(x_0,y_0)-iu_y(x_0,y_0))$.

证明 对 $\lim\limits_{z\to z_0}\dfrac{f(z)-f(z_0)}{z-z_0}$ 中的 z 取两种方式趋向 z_0:

(i) $z=x+iy_0, x\to x_0$;

(ii) $z=x_0+iy, y\to y_0$.

对 (i),

$$\begin{aligned}f'(z_0)&=\lim_{z\to z_0}\frac{f(z)-f(z_0)}{z-z_0}\\&=\lim_{x\to x_0}\left[\frac{u(x,y_0)-u(x_0,y_0)}{x-x_0}+i\frac{v(x,y_0)-v(x_0,y_0)}{x-x_0}\right]\\&=u_x(x_0,y_0)+iv_x(x_0,y_0);\end{aligned}$$

对 (ii),

$$\begin{aligned}f'(z_0)&=\lim_{z\to z_0}\frac{f(z)-f(z_0)}{z-z_0}\\&=\lim_{y\to y_0}\left[\frac{u(x_0,y)-u(x_0,y_0)}{i(y-y_0)}+i\frac{v(x_0,y)-v(x_0,y_0)}{i(y-y_0)}\right]\\&=v_y(x_0,y_0)-iu_y(x_0,y_0).\end{aligned}$$

由此得本定理. □

定理 2.4.2 设 $f(z)=u(x,y)+iv(x,y)$ 定义在开域 D 上, $z_0=x_0+iy_0\in D$. 则 $w=f(z)$ 在 z_0 的导数 $f'(z_0)$ 存在的充要条件是 u 和 v 在 (x_0,y_0) 可微而且在此点满足 C-R 方程.

证明 设 $f'(z_0)$ 存在, $f'(z_0)=a+ib$. 由 $\dfrac{\Delta w}{\Delta z}\to f'(z_0)$ 得知

$$\Delta w=f(z_0+\Delta z)-f(z_0)=f'(z_0)\cdot\Delta z+\rho(\Delta z),$$

其中 $\rho(\Delta z)=\varepsilon_1(\Delta z)+i\varepsilon_2(\Delta z)$ 并且 $\lim\limits_{\Delta z\to 0}\dfrac{\rho(\Delta z)}{\Delta z}=0$. 比较上式两边的实部和虚部, 得到

$$\Delta u=a\Delta x-b\Delta y+\varepsilon_1(\Delta z),\quad \Delta v=b\Delta x+a\Delta y+\varepsilon_2(\Delta z),$$

其中 $\dfrac{\varepsilon_1(\Delta z)}{\Delta z}\to 0$, $\dfrac{\varepsilon_2(\Delta z)}{\Delta z}\to 0(\Delta z\to 0)$. 因而 u 和 v 在 (x_0,y_0) 可微而且

$$u_x(x_0,y_0)=v_y(x_0,y_0)=a,\quad u_y(x_0,y_0)=-v_x(x_0,y_0)=-b.$$

必要性得证. 现证充分性.

设 u 和 v 在点 (x_0,y_0) 可微并且满足 C-R 方程. 设 $u_x(x_0,y_0)=a$, $v_x(x_0,y_0)=b$. 这样,

$$\Delta u=a\Delta x-b\Delta y+\varepsilon_1(|\Delta z|),\quad \Delta v=b\Delta x+a\Delta y+\varepsilon_2(|\Delta z|),$$

其中 $|\Delta z|=\sqrt{(\Delta x)^2+(\Delta y)^2}$, $\dfrac{\varepsilon_1(|\Delta z|)}{|\Delta z|}\to 0$, $\dfrac{\varepsilon_2(|\Delta z|)}{|\Delta z|}\to 0(\Delta z\to 0)$. 于是

$$\begin{aligned}\Delta w&=\Delta u+i\Delta v=[a\Delta x-b\Delta y+\varepsilon_1(|\Delta z|)]+i\,[b\Delta x+a\Delta y+\varepsilon_2(|\Delta z|)]\\&=a(\Delta x+i\Delta y)+b(i\Delta x-\Delta y)+\varepsilon_1(|\Delta z|)+i\varepsilon_2(|\Delta z|)\\&=(a+ib)(\Delta x+i\Delta y)+\varepsilon_1(|\Delta z|)+i\varepsilon_2(|\Delta z|),\end{aligned}$$

$$\frac{\Delta w}{\Delta z}=a+ib+\frac{\varepsilon_1(|\Delta z|)+i\varepsilon_2(|\Delta z|)}{\Delta z}\to a+ib\ \ (\Delta z\to 0).$$

从而 f 在 z_0 可导并且 $f'(z_0)=a+ib=u_x(x_0,y_0)+iv_x(x_0,y_0)$. □

2.5 解析函数

若函数 f 在点 z_0 的一个邻域中每点可导, 则称 f 在 z_0 **解析**; 若函数 f 在区域 D 中的每一点解析, 则称函数 f **在区域 D 中解析**; 特别, 若函数 f 在整个复平面上解析, 则称 f 为**整函数**.

以后若 f 在 D 中解析, 则记 $f\in H(D)$.

注 按照定义, 在一点解析, 等价于在该点的一个邻域中每点可导, 从而也等价于在该点的一个邻域中解析. 所以当我们说 $f(z)$ 在闭圆 $\overline{V}(a,r)$ 上解析时, 由于 $f(z)$ 在该圆边界 $\{z:|z-a|=r\}$ 上每一点解析, 从而 $f(z)$ 在边界上每一点的某个邻域上有定义且解析. 所以 $f(z)$ 在闭圆 $\overline{V}(a,r)$ 上解析, 意味着 $f(z)$ 在一个包含 $\overline{V}(a,r)$ 的开集上解析, 也可以说有 $\varepsilon>0$, 使 $f(z)$ 在 $V(a,r+\varepsilon)$ 上

解析. 同样道理, 我们也可以谈论 $f(z)$ 在圆周 $\{z : |z-a| = r\}$ 上解析, 此时意味着 $f(z)$ 在包含该圆周的一个开集上解析, 或者说有 $\varepsilon > 0$, 使 $f(z)$ 在圆环 $\{z : r-\varepsilon < |z-a| < r+\varepsilon\}$ 上解析.

定理 2.5.1 若 $f, g \in H(D)$, 则 $f \pm g, fg \in H(D)$. 此外当 $0 \notin g(D)$ 时, $\dfrac{f}{g} \in H(D)$.

定理 2.5.2 若 $f \in H(D)$, 开域 E 包含 $f(D)$, 而 $h \in H(E)$, 则复合函数 $h \circ f \in H(D)$.

定理 2.5.3 若 D 为开域, $f \in H(D)$ 并且 $f'(z) = 0$, 则 f 在 D 中是常数.

证明 此时由 C-R 方程知若 $f(z) = u(x,y) + iv(x,y)$, 则 u_x, u_y, v_x, v_y 这 4 个偏导数在 D 中恒为 0. 又 D 是连通的, 故 u 和 v 在 D 中是常数, 从而 f 是常数. □

在复变函数理论中, 常利用**复微商**来刻画解析函数. 设 $z = x+iy, \bar{z} = x-iy$, 则

$$x = \frac{1}{2}(z+\bar{z}), \quad y = -\frac{i}{2}(z-\bar{z}).$$

若把 $f(x,y)$ 看成 $z, \bar{z}$ 的函数, 则有

$$\frac{\partial f}{\partial z} = \frac{1}{2}\left(\frac{\partial f}{\partial x} - i\frac{\partial f}{\partial y}\right), \quad \frac{\partial f}{\partial \bar{z}} = \frac{1}{2}\left(\frac{\partial f}{\partial x} + i\frac{\partial f}{\partial y}\right).$$

此时若 $f = u + iv$ 在 D 中解析, 则对任意 $z \in D$, 由 C-R 方程, 得

$$\begin{aligned}\frac{\partial f}{\partial \bar{z}} &= \frac{1}{2}\left[\left(\frac{\partial u}{\partial x} + i\frac{\partial v}{\partial x}\right) + i\left(\frac{\partial u}{\partial y} + i\frac{\partial v}{\partial y}\right)\right] \\ &= \frac{1}{2}\left[\left(\frac{\partial u}{\partial x} - \frac{\partial v}{\partial y}\right) + i\left(\frac{\partial v}{\partial x} + \frac{\partial u}{\partial y}\right)\right] = 0.\end{aligned}$$

这样我们就有下面的定理.

定理 2.5.4 若 u 和 v 在开域 D 中可微, 则 $f = u + iv$ 在 D 中解析的充要条件是 $\dfrac{\partial f}{\partial \bar{z}} = 0$.

2.6 初等解析函数

1. 多项式

设 $\{a_k\}_{0 \leqslant k \leqslant n}$ 是 $n+1$ 个复数, $a_n \neq 0$, 则

$$P(z) = \sum_{k=0}^{n} a_k z^k = a_0 + a_1 z + a_2 z^2 + \cdots + a_n z^n$$

称为 n 阶**多项式**. 由定理 2.3.1 知 $P(z)$ 是整函数,

$$P'(z)=\sum_{k=1}^{n}ka_kz^{k-1}=a_1+2a_2z+\cdots+na_nz^{n-1}.$$

2. 有理函数

两个多项式 $P(z)$ 和 $Q(z)$ 的商 $\dfrac{P(z)}{Q(z)}$ 称为**有理函数**. 有理函数在其分母 $Q(z)$ 不为 0 的所有点处都是解析的.

例如当 $|\alpha|<1$ 时, Blaschke 因子

$$f(z)=\frac{z-\alpha}{1-\overline{\alpha}z}$$

就是一个有理函数, 它在复平面上除了点 $\dfrac{1}{\overline{\alpha}}$ 外都是解析的. 特别地它在闭单位圆 $|z|\leqslant 1$ 上是解析的.

3. 指数函数

设 $z=x+iy$, 定义

$$e^z=e^{x+iy}=e^x\cdot e^{iy}=e^x(\cos y+i\sin y),$$

e^z 称为**指数函数**, 其中 e^x 中的 e 是自然对数底, e^x 是实指数函数. 此时

$$u(x,y)=e^x\cos y,\quad v(x,y)=e^x\sin y,$$

$$u_x=e^x\cos y=v_y,\quad u_y=-e^x\sin y=-v_x.$$

这样 C-R 方程对一切 $z\in\mathbb{C}$ 成立. 又 u 和 v 在整个复平面上可微, 因此 e^z 是整函数. 此外

$$(e^z)'=u_x+iv_x=e^x\cos y+ie^x\sin y=e^z.$$

容易证明指数函数有下列性质.

(i) 对任何复数 z_1 和 z_2 有 $e^{z_1+z_2}=e^{z_1}\cdot e^{z_2}$;

(ii) 对任何整数 n, $(e^z)^n=e^{nz}$;

(iii) $e^{z+2\pi i}=e^z$, 即 e^z 有一个纯虚数的周期 $2\pi i$;

(iv) $\dfrac{e^{z_1}}{e^{z_2}}=e^{z_1-z_2}$, $e^0=1$, $\dfrac{1}{e^z}=e^{-z}$;

(v) 若 $z=x+iy$, $e^z=re^{i\theta}$, 则 $r=e^x$, $\theta=y+2k\pi$, 其中 k 是某个整数.

4. 三角函数

当 x 为实数时, 由定义知 $\sin x=\dfrac{1}{2i}\left(e^{ix}-e^{-ix}\right)$, $\cos x=\dfrac{1}{2}\left(e^{ix}+e^{-ix}\right)$. 因此约定

$$\sin z=\frac{1}{2i}\left(e^{iz}-e^{-iz}\right),\quad \cos z=\frac{1}{2}\left(e^{iz}+e^{-iz}\right).$$

由 e^z 为整函数得知 $\sin z$ 和 $\cos z$ 也都是整函数.

$$(\sin z)'=\frac{1}{2i}\left(ie^{iz}+ie^{-iz}\right)=\frac{1}{2}\left(e^{iz}+e^{-iz}\right)=\cos z,$$

$$(\cos z)'=\frac{1}{2}\left(ie^{iz}-ie^{-iz}\right)=\frac{i}{2}\left(e^{iz}-e^{-iz}\right)=-\sin z.$$

容易验证下列性质.

(i) $\sin(-z)=-\sin z$, $\cos(-z)=\cos z$, $\sin(z+2\pi)=\sin z$, $\cos(z+2\pi)=\cos z$;

(ii) $\sin^2 z+\cos^2 z=1$;

(iii) $\sin(z_1+z_2)=\sin z_1\cos z_2+\sin z_2\cos z_1$,
$\cos(z_1+z_2)=\cos z_1\cos z_2-\sin z_1\sin z_2$;

(iv) $\sin z=\sin x\operatorname{ch} y+i\cos x\operatorname{sh} y,\quad |\sin z|^2=\sin^2 x+\operatorname{sh}^2 y$,
$\cos z=\cos x\operatorname{ch} y-i\sin x\operatorname{sh} y,\quad |\cos z|^2=\cos^2 x+\operatorname{sh}^2 y$.

由此得知 $\sin z$ 和 $\cos z$ 都是无界的.

(v) 为使 $\sin z=0$, 充要条件是 $z=n\pi$, 其中 n 是整数; 为使 $\cos z=0$, 充要条件是 $z=\left(n+\dfrac{1}{2}\right)\pi$, 其中 n 是整数.

我们只推导 (iv) 中关于 $\sin z$ 的公式.

$$\begin{aligned}\sin z&=\frac{1}{2i}(e^{-y+ix}-e^{y-ix})\\&=\frac{-i}{2}\left[e^{-y}(\cos x+i\sin x)-e^{y}(\cos x-i\sin x)\right]\\&=\frac{-i}{2}\left[(e^{-y}\cos x-e^{y}\cos x)+i(e^{-y}\sin x+e^{y}\sin x)\right]\\&=\sin x\cdot\frac{e^{y}+e^{-y}}{2}+i\cos x\cdot\frac{e^{y}-e^{-y}}{2}.\end{aligned}$$

所以 $\sin z=\sin x\operatorname{ch} y+i\cos x\operatorname{sh} y$. 因而

$$|\sin z|^2=(\sin x\operatorname{ch} y)^2+(\cos x\operatorname{sh} y)^2$$

$$=(\sin x)^2\left[(\operatorname{sh} y)^2+1\right]+(\cos x)^2(\operatorname{sh} y)^2$$
$$=\sin^2 x+\operatorname{sh}^2 y.$$

其他一些三角函数的定义和实值类似:

$$\tan z=\frac{\sin z}{\cos z},\quad \cot z=\frac{\cos z}{\sin z},\quad \sec z=\frac{1}{\cos z},\quad \csc z=\frac{1}{\sin z}.$$

这些函数不再是整函数, 但它们在有定义的点处 (即分母不为 0) 都是解析的.

5. 对数函数及其解析分支

任意给定 $z=re^{i\theta}\neq 0$, 我们来求 $w=u+iv$ 使 $e^w=z$. 从

$$re^{i\theta}=z=e^w=e^{u+iv}=e^u\cdot e^{iv}$$

得知 $r=e^u$, 即 $u=\ln r$; $v=\theta+2n\pi$, 其中 n 为整数. 于是 $w=\ln r+i(\theta+2n\pi)$. 这样对任何 $z=re^{i\theta}\neq 0$, 我们称

$$\log z=\ln r+i(\theta+2n\pi)=\ln|z|+i\operatorname{Arg} z$$

为 z 的**对数**, 这是一个多值函数. 特别称 $\ln|z|+i\arg z$ 为 z 的**对数主值**. 以后若不特别说明, $\log z$ 就表示 $z\neq 0$ 的对数主值. 由定义得知 $e^{\log z}=z$, $z\neq 0$. 例如对任何 $r>0$, $\log r=\ln r$. 又由于 $1+i=\sqrt{2}e^{i\frac{\pi}{4}}$, 故 $\log(1+i)=\dfrac{1}{2}\ln 2+i\dfrac{\pi}{4}$. 下面是 $\log z$ 的一些性质.

(i) $\log z$ 在 $z\neq 0$, $-\pi<\arg z<\pi$ 中是连续的;

(ii) 对在 $z\neq 0$, $-\pi<\arg z<\pi$ 中任何两个不同的点 $z_1\neq z_2$, 我们有 $\log z_1\neq \log z_2$;

(iii) $\log z$ 在开域 $z\neq 0$, $-\pi<\arg z<\pi$ 中解析, $(\log z)'=\dfrac{1}{z}$.

上述性质 (i) 是明显的. 事实上若 $z=re^{i\theta}$ 和 $z_0=r_0e^{i\theta_0}$ 是开域 $z\neq 0$, $-\pi<\arg z<\pi$ 中任何两个点. 则当 $z\to z_0$ 时, 必定 $r\to r_0$, $\theta\to\theta_0$, 从而由定义, $\log z\to\log z_0$.

对性质 (ii), 若 $z_1\neq z_2$, 则或者 $|z_1|\neq|z_2|$, 或者 $|z_1|=|z_2|$ 但 $\arg z_1\neq\arg z_2$. 不管哪种情形, 都将得到 $\log z_1\neq\log z_2$.

最后为证 (iii), 令 $w=\log z$. 取定 $z\neq 0$, 再取充分小的 $\Delta z\neq 0$. 令 $z+\Delta z=e^{w+\Delta w}$. 则由 (ii) 知 $\Delta w\neq 0$ 并由 (i) 知 $\lim\limits_{\Delta z\to 0}\Delta w=0$. 于是

$$1=\frac{(z+\Delta z)-z}{\Delta z}=\frac{1}{\Delta z}(e^{w+\Delta w}-e^w)=e^w\cdot\frac{\Delta w}{\Delta z}\cdot\frac{e^{\Delta w}-1}{\Delta w}\xrightarrow{\Delta z\to 0}e^w(\log z)',$$

即 $1 = z(\log z)'$. 这就是性质 (iii).

现在任意给定实数 α, 则对任何复数 $z \neq 0$, 有且只有一个 θ 满足 $-\pi + \alpha < \theta \leqslant \pi + \alpha$ 并且 $z = re^{i\theta}$. 若仍令

$$w = \log z = \ln r + i\theta, \quad r > 0, \ -\pi + \alpha < \theta < \pi + \alpha,$$

则这个函数 $w = \log z$ 在上述开域中同样有性质 (i)—(iii). 特别地对任何整数 n, 由

$$w = \log z = \ln r + i\theta, \quad r > 0, \ -\pi + 2n\pi < \theta < \pi + 2n\pi$$

所定义的函数 $w = \log z$ 在相应的开域中是解析的, 它们统称为 $\log z$ 的**解析分支**.

6. 复指数

若 $z \neq 0$, c 是复数, 则定义

$$z^c = e^{c \log z},$$

其中 $\log z$ 是 z 的对数. 以后若不特别说明, 这里的 $\log z$ 就理解为 z 的对数主值. 很明显 z^c 与 $\log z$ 有相同的解析区域, 即开域 $z \neq 0$, $-\pi < \arg z < \pi$, 并且

$$(z^c)' = (e^{c\log z})' = ce^{c\log z} \cdot z^{-1} = ce^{c\log z} \cdot e^{-\log z} = ce^{(c-1)\log z} = cz^{c-1}.$$

例 1 求 i^{-2i}.

解 $i^{-2i} = e^{(-2i)\log i} = e^{(-2i)(\ln|i| + i\frac{\pi}{2})} = e^{(-2i)(i\frac{\pi}{2})} = e^{\pi}$.

习 题 2

1. 试利用定义证明:

$$\lim_{z\to i} z^2 = i^2 = -1, \quad \lim_{z\to 0} \frac{1}{z} = \infty, \quad \lim_{z\to\infty} \frac{1}{z} = 0, \quad \lim_{z\to\infty} z^2 = \infty.$$

2. **洛必达法则** 设函数 f 和 g 都在点 z_0 解析, 并且

$$f(z_0) = g(z_0) = 0, \quad g'(z_0) \neq 0.$$

求证

$$\lim_{z\to z_0} \frac{f(z)}{g(z)} = \frac{f'(z_0)}{g'(z_0)}.$$

3. 利用洛必达法则求下列极限.

(i) $\lim\limits_{z\to 0} \dfrac{\sin z}{z}$; (ii) $\lim\limits_{z\to 0} \dfrac{e^z - 1}{z}$.

4. 试证下列函数是整函数并求其导数.

(i) $f(z)=x^3+i3x^2y-3xy^2-iy^3$;

(ii) $f(z)=e^x(x\cos y-y\sin y)+ie^x(y\cos y+x\sin y)$.

5. 求实数 a,b,c, 使 $f(z)=x+ay+i(bx+cy)$ 是整函数.

6. 已知 $u(x,y)=x^3+6x^2y-3xy^2-2y^3$, 求满足 $f(0)=0$ 的整函数 $f(z)=u+iv$.

7. 设 $f(z)=u+iv=\rho e^{i\varphi}$ 在开域 D 中解析. 求证当 u,v,ρ 和 φ 中有一个在 D 中为常数时, f 是常数.

8. 设 $u-v=-4xy$. 求使得 $f(0)=0$ 的整函数 $f(z)=u+iv$, 并用 z 表示 $f(z)$.

9. 试讨论 $|z|,\bar{z},\operatorname{Re}z,e^{\bar{z}}$ 等函数的可导性.

10. 设 f 是整函数, $f(0)=1$. 求证当 f 满足下两个条件之一时, $f(z)=e^z$.

(i) $f'(z)=f(z)$;

(ii) $f'(0)=1$ 并且对任何复数 z 和 w 有 $f(z+w)=f(z)f(w)$.

11. 设 $f(z)$ 在 $|z|<1$ 中解析. 对任何 $|z|>1$, 定义 $f(z)=\overline{f\left(\dfrac{1}{\bar{z}}\right)}$, 求证 $f(z)$ 在 $|z|>1$ 中解析.

12. 求 $e^{2+i\frac{\pi}{4}},\sin(1-i),2^i,(1+i)^i$ 的实部和虚部.

13. 解方程:

(i) $e^z=1+i$; (ii) $\sin z=i$; (iii) $\log z=\dfrac{i\pi}{2}$; (iv) $\sin z+\cos z=0$;

(v) $e^{2z}+e^z+1=0$; (vi) $e^{3z}+e^{2z}+e^z+1=0$.

14. 试问 $f(z)=x^3+y^3+ix^2y^2$ 在 $z_0=-\dfrac{3}{2}+i\dfrac{3}{2}$ 是否可导？若可导求 $f'(z_0)$.

15. 设 $f=u+iv$ 是整函数, h 是定义在 $\mathbb{R}$ 上的可导实函数且 $u=h\circ v$, 证明 f 是常数.

16. 设 $f=u+iv$ 是整函数, 证明

$$\left(\frac{\partial|f(z)|}{\partial x}\right)^2+\left(\frac{\partial|f(z)|}{\partial y}\right)^2=\left|f'(z)\right|^2.$$

17. 分别计算当 $a>0$ 和 $a<0$ 时, $\lim\limits_{y\to0}\left[\log(a+iy^2)-\log(a-iy^2)\right]$ 的值.

18. 设 $|\alpha|<1$, 求证 $\lim\limits_{|z|<1,|z|\to1}\left|\dfrac{z-\alpha}{1-\overline{\alpha}z}\right|=1$.

第 3 章　复积分、Cauchy 定理

3.1 路　　径

设 $x(t)$ 和 $y(t)$ 都是 $t \in [a,b]$ 上的实值连续函数, 并且有 $[a,b]$ 上的一个网 $\{t_k\}_{0\leqslant k\leqslant n}$, 其中 $a=t_0<t_1<t_2<\cdots<t_n=b$, 使对任何 k, $x(t)$ 和 $y(t)$ 都在 $[t_{k-1},t_k]$ 上有连续导函数, 并且对任何 $t\in[t_{k-1},t_k]$, $[x'(t)]^2+[y'(t)]^2\neq 0$, 则复平面上的集合

$$\Gamma=\{z(t)\colon z(t)=x(t)+iy(t), t\in[a,b]\} \tag{3.1}$$

称为一条**路径**, 而 $\Gamma_k=\{z(t)\colon z(t)=x(t)+iy(t), t\in[t_{k-1},t_k]\}$ 统称为**光滑弧**. 这样, 所谓路径, 就是由有限条光滑弧连结而成的曲线. 此时上述路径的长度为

$$|\Gamma|=\sum_{k=1}^{n}\int_{t_{k-1}}^{t_k}|z'(t)|dt=\sum_{k=1}^{n}\int_{t_{k-1}}^{t_k}\sqrt{[x'(t)]^2+[y'(t)]^2}dt,$$

其中 $z'(t)=x'(t)+iy'(t)$.

很明显, 由有限个直线段连结而成的折线是一条路径.

特别地, 若路径 Γ 由(3.1)给出, 并且 $z(a)=z(b)$, 则 Γ 称为一条**闭路径**; 再如对 (a,b) 中的任何 $t_1\neq t_2$ 有 $z(t_1)\neq z(t_2)\neq z(a)(=z(b))$, 则 Γ 称为一条**简单闭路径**. 例如我们已知的单位圆周 $z(t)=e^{it}=\cos t+i\sin t$, $0\leqslant t\leqslant 2\pi$ 就是一条简单闭路径.

关于简单闭路径, 有下面结论 (证明从略).

定理 3.1.1(Jordan 曲线定理)　若 Γ 是一条简单闭路径, 则 Γ 把整个复平面分成两个不相交的开域: 一个是有界的, 称为 Γ 的**内部**; 另一个是无界的, 称为 Γ 的**外部**; 它们都以 Γ 作为边界.

设路径由 (3.1) 给出, 则所谓路径 $-\Gamma$, 是指复平面中的下列集合

$$-\Gamma=\{z(-t):z(-t)=x(-t)+iy(-t), -b\leqslant t\leqslant -a\}.$$

Γ 和 $-\Gamma$ 是复平面上同一个集合, 只不过当参数增加时, Γ 和 $-\Gamma$ 上的点按相反方向移动. 现若 Γ 是一条简单闭路径, 并且当参数增加时, Γ 的内部在 Γ 上的点移动方向的左边, 则称 Γ 有**正方向**; 不然称 Γ 有**负方向**. 例如 $z(t)=e^{it}$, $0\leqslant t\leqslant 2\pi$, 有正方向; 而 $w(t)=e^{-it}$, $-2\pi\leqslant t\leqslant 0$, 有负方向.

3.2 复 积 分

设 $u(t)$ 和 $v(t)$ 都是 $t \in [a,b]$ 上的实值可积函数, 此时复值函数 $w(t) = u(t)+iv(t)$ 在 $[a,b]$ 上的**积分**定义为

$$\int_a^b w(t)dt = \int_a^b u(t)dt + i\int_a^b v(t)dt.$$

又若 u 和 v 分别有原函数 U 和 V, 则 $w(t)$ 有原函数 $W(t) = U(t)+iV(t)$, 并且

$$\int_a^b w(t)dt = W(t)|_a^b = W(b)-W(a) = [U(b)-U(a)] + i[V(b)-V(a)].$$

定理 3.2.1 (i) $\operatorname{Re}\int_a^b w(t)dt = \int_a^b \operatorname{Re} w(t)dt$;

(ii) 对任何复数 c 有 $\int_a^b cw(t)dt = c\int_a^b w(t)dt$;

(iii) $\left|\int_a^b w(t)dt\right| \leqslant \int_a^b |w(t)|dt.$

证明 只证 (iii). 若 $\int_a^b w(t)dt = 0$, 则 (iii) 自然成立. 若 $\int_a^b w(t)dt = \rho e^{i\varphi} \neq 0$, 则由 (ii) 我们有 $\rho = e^{-i\varphi}\int_a^b w(t)dt = \int_a^b e^{-i\varphi}w(t)dt$. 于是由 (i),

$$\begin{aligned}\left|\int_a^b w(t)dt\right| &= \rho = \operatorname{Re}\rho = \operatorname{Re}\int_a^b e^{-i\varphi}w(t)dt = \int_a^b \operatorname{Re}\left[e^{-i\varphi}w(t)\right]dt \\ &\leqslant \int_a^b \left|e^{-i\varphi}w(t)\right|dt = \int_a^b |w(t)|dt.\end{aligned}$$ □

现设 $\Gamma: z(t) = x(t)+iy(t), a \leqslant t \leqslant b$ 是一条路径, $f(z) = u(x,y)+iv(x,y)$ 是一个复值函数, 使 $f(z(t)) = u(x(t),y(t)) + iv(x(t),y(t))$ 在 $[a,b]$ 上可积, 则 $f(z)$ **沿 Γ 的积分**定义为

$$\begin{aligned}\int_\Gamma f(z)dz &= \int_a^b f(z(t))z'(t)dt = \int_a^b (ux'-vy')\,dt + i\int_a^b (vx'+uy')\,dt \\ &= \int_\Gamma udx - vdy + i\left(\int_\Gamma vdx+udy\right).\end{aligned} \tag{3.2}$$

此时由于 $-\Gamma$ 为 $z(-t)=x(-t)+iy(-t),\ -b\leqslant t\leqslant -a$, 从而

$$\begin{aligned}\int_{-\Gamma}f(z)dz&=\int_{-b}^{-a}f(z(-t))[z(-t)]'dt=-\int_{-b}^{-a}f(z(-t))z'(-t)dt\\&=\int_{b}^{a}f(z(t))z'(t)dt=-\int_{\Gamma}f(z)dz,\end{aligned}$$

亦即

$$\int_{-\Gamma}f(z)dz=-\int_{\Gamma}f(z)dz.$$

下面定理是明显成立的.

定理 3.2.2 (i) 对任何复数 c, $\int_{\Gamma}cf(z)dz=c\int_{\Gamma}f(z)dz$;

(ii) $\int_{\Gamma}[f(z)\pm g(z)]dz=\int_{\Gamma}f(z)dz\pm\int_{\Gamma}g(z)dz$;

(iii) $\left|\int_{\Gamma}f(z)dz\right|\leqslant\int_{a}^{b}|f(z(t))z'(t)|\,dt$, 特别当 $f(z)$ 在 Γ 上有界, $|f(z)|\leqslant M$ 时,

$$\left|\int_{\Gamma}f(z)dz\right|\leqslant M\int_{a}^{b}|z'(t)|\,dt=M|\Gamma|,$$

其中 $|\Gamma|$ 表示曲线 Γ 的长度;

(iv) 若路径 Γ_1 由 z_1 到 z_2, 路径 Γ_2 由 z_2 到 z_3, 而 $\Gamma_1+\Gamma_2$ 表示由 Γ_1 和 Γ_2 连结而成的路径, 则

$$\int_{\Gamma_1+\Gamma_2}f(z)dz=\int_{\Gamma_1}f(z)dz+\int_{\Gamma_2}f(z)dz.$$

例 1 计算 $I_1=\int_{\Gamma_1}\bar{z}dz$ 及 $I_2=\int_{\Gamma_2}\bar{z}dz$, 其中 Γ_1 表示从 $z=-1$ 到 $z=1$ 的上半单位圆, Γ_2 表示从 $z=-1$ 到 $z=1$ 的下半单位圆 (图 3.2.1).

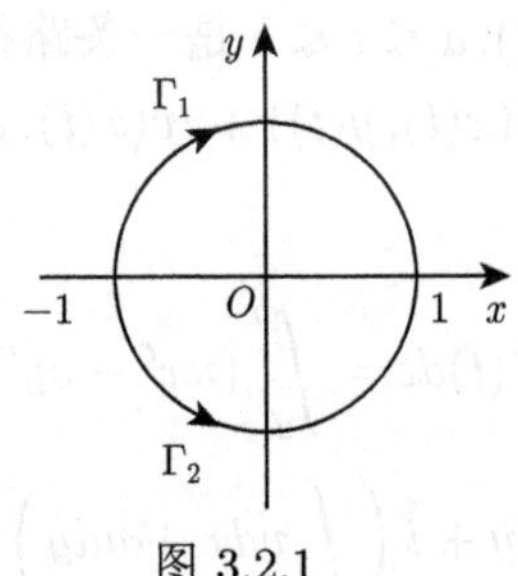

图 3.2.1

解 此时 $\Gamma_1 : z(t) = e^{-it}, -\pi \leqslant t \leqslant 0, \Gamma_2 : z(t) = e^{it}, \pi \leqslant t \leqslant 2\pi$. 因此

$$I_1 = \int_{-\pi}^{0} e^{it}(-i)e^{-it}dt = -i\pi, \quad I_2 = \int_{\pi}^{2\pi} e^{-it} \cdot ie^{it}dt = i\pi.$$

例 2 设 z_1 和 z_2 是复平面中的任何两点, 则对从 z_1 到 z_2 的任何路径 Γ 有

$$\int_{\Gamma} z^n dz = \frac{1}{n+1}\left(z_2^{n+1} - z_1^{n+1}\right), \quad \text{其中 } n \text{ 为任何非负整数.}$$

特别对任何简单闭路径 Γ 及任何非负整数 n 有 $\int_{\Gamma} z^n dz = 0$.

证明 设 Γ 的参数方程为 $z = z(t), a \leqslant t \leqslant b, z(a) = z_1, z(b) = z_2$. 于是

$$\begin{aligned}\int_{\Gamma} z^n dz &= \int_a^b [z(t)]^n z'(t)dt = \frac{1}{n+1}\int_a^b \left[z^{n+1}(t)\right]' dt \\ &= \frac{1}{n+1}\left[z^{n+1}(b) - z^{n+1}(a)\right] = \frac{1}{n+1}\left(z_2^{n+1} - z_1^{n+1}\right).\end{aligned}$$

特别地, 若 Γ 是简单闭路径, 则 $z(a) = z(b)$. 由此得本例. □

例 3 对任何复数 a 及正数 $r > 0$,

$$\frac{1}{2\pi i}\int_{|z-a|=r} (z-a)^n dz = \begin{cases} 0, & n \neq -1, \\ 1, & n = -1, \end{cases} \quad \text{其中 } n \text{ 为整数.}$$

证明 此时 $z = a + re^{i\theta}, 0 \leqslant \theta \leqslant 2\pi$ (图 3.2.2).

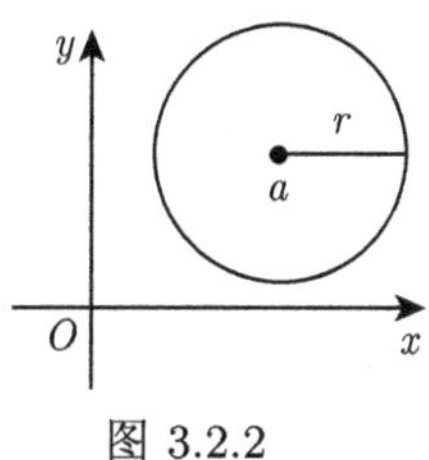

图 3.2.2

从而

$$\frac{1}{2\pi i}\int_{|z-a|=r} (z-a)^n dz = \frac{1}{2\pi i}\int_0^{2\pi} r^n e^{in\theta} \cdot rie^{i\theta} d\theta = \frac{r^{n+1}}{2\pi}\int_0^{2\pi} e^{i(n+1)\theta} d\theta,$$

于是

$$\frac{1}{2\pi i}\int_{|z-a|=r} (z-a)^n dz = \begin{cases} 0, & n \neq -1, \\ 1, & n = -1. \end{cases}$$

特别地,

$$\frac{1}{2\pi i}\int_{|z|=r}\frac{1}{z}dz=1,\quad \frac{1}{2\pi i}\int_{|z|=r}\frac{1}{z^2}dz=0,\quad \frac{1}{2\pi i}\int_{|z-a|=r}\frac{1}{z-a}dz=1.\qquad \square$$

3.3　Cauchy 定理

本节要证明复变函数论中的基本定理, 即下述的 **Cauchy 定理**.

定理 3.3.1　设 Γ 是一条正向简单闭路径, 内部为 D, $\overline{D}=D\cup\Gamma$. 今若 $f\in H(\overline{D})$, 则

$$\int_\Gamma f(z)dz=0.$$

注　若 $f=u+iv$, 则我们在 (3.2) 中已经知道

$$\int_\Gamma f(z)dz=\int_\Gamma udx-vdy+i\int_\Gamma vdx+udy.$$

而按照数学分析中的格林公式,

$$\int_\Gamma udx-vdy=\iint_{\overline{D}}(-v_x-u_y)\,dxdy,\quad \int_\Gamma vdx+udy=\iint_{\overline{D}}(u_x-v_y)\,dxdy.$$

于是由 C-R 方程知上述两个二重积分都为 0, 从而 f 沿 Γ 的积分为 0. 但在格林公式中需对 u_x,u_y,v_x,v_y 等有连续性假设, 而现在没有. 因此对本定理需要有一个新的证明.

首先我们约定, 下面提到的正方块的边都是和 x 轴或 y 轴平行的.

下面的引理是明显成立的.

引理 3.3.1　设 Γ 是一条正向简单闭路径, 其内部为 D, $f\in H(\overline{D})$. 再设 S_0 是一个闭正方块, $D\subset S_0$. 今把 S_0 分割成 4 个相同形状的闭正方块 S_1,S_2,S_3 和 S_4(图 3.3.1), 并令 $D_k=D\cap S_k^0$, Γ_k 是 D_k 的正向边界, $k=1,2,3,4$. 则

$$\int_\Gamma f(z)dz=\sum_{k=1}^4\int_{\Gamma_k}f(z)dz.$$

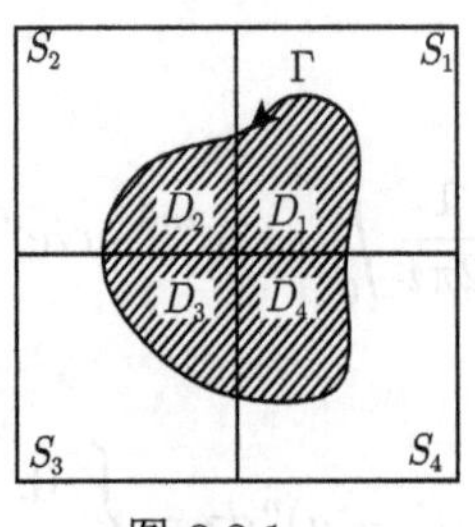

图 3.3.1

现在我们来证明 Cauchy 定理. 首先取定闭正方块 S_0, 使 $D \subset S_0$. 再取定任意的 $\varepsilon > 0$. 此时我们**称一个闭正方块 A 是"好"的**, 若它满足下两个条件之一:

(i) $A \cap \overline{D} = \varnothing$;

(ii) $A \cap \overline{D} \neq \varnothing$, 并且有 $z_0 \in A \cap \overline{D}$, 使对任何 $z \in A \cap \overline{D} - \{z_0\}$ 有

$$\left| \frac{f(z) - f(z_0)}{z - z_0} - f'(z_0) \right| < \varepsilon. \tag{3.3}$$

现在我们证明下列命题.

(P) S_0 是有限个好的内部两两不相交的闭正方块的并.

事实上, 若 S_0 本身是好的, 则命题成立. 不然把 S_0 分割成 4 个相同形状的闭正方块. 若这 4 个闭正方块都是好的, 则命题成立. 不然把它们中每一个不是好的闭正方块再分割成 4 个相同形状的闭正方块等等. 这个过程可以一直进行下去. 于是只有两种可能情形.

情形 1: 通过有限次分割, S_0 表示成有限个好的闭正方块的并;

情形 2: 通过每一次分割, 必产生不好的闭正方块.

我们证明情形 2 不可能发生. 事实上若发生, 就有不好的闭正方块列 $\{S_n\}_{n \geqslant 0}$, 使对任何 $n \geqslant 1$, S_n 是 S_{n-1} 分割成 4 个相同形状的闭正方块中的一块, S_n 的边长是 S_{n-1} 的边长的一半. 既然每一 S_n 都不是好的, 因此 $S_n \cap \overline{D} \neq \varnothing$. 这样 $\{S_n \cap \overline{D}\}_{n \geqslant 0}$ 是一列非空单减的有界闭集列. 由数学分析知识得知有唯一的点 z_0, 使对任何 $n \geqslant 0$ 有 $z_0 \in S_n \cap \overline{D}$. 现在 f 在 z_0 可导, 故有 $\delta > 0$ 及 z_0 的邻域 $V(z_0, \delta) = \{z : |z - z_0| < \delta\}$, 使对任何 $z \in V(z_0, \delta) - \{z_0\}$, (3.3) 成立. 而另一方面由列 $\{S_n\}_{n \geqslant 0}$ 的性质知有 n_0, 使对一切 $n \geqslant n_0$ 有 $S_n \cap \overline{D} \subset V(z_0, \delta)$. 这说明当 $n \geqslant n_0$ 时, S_n 都是好的闭正方块. 从而得矛盾. 这样命题 (P) 成立.

由命题 (P), 有有限个内部两两不相交的闭正方块 $\{A_k\}_{1 \leqslant k \leqslant n}$, 满足下两条件:

(iii) 对每一 $k, 1 \leqslant k \leqslant n, A_k \subset S_0, A_k \cap \overline{D} \neq \varnothing, \overline{D} \subset \bigcup\limits_{k=1}^{n} A_k$;

(iv) 对每一 $k, 1 \leqslant k \leqslant n$, 存在 $z_k \in A_k \cap \overline{D}$, 使对任何 $z \in A_k \cap \overline{D} - \{z_k\}$ 有

$$\left| \frac{f(z) - f(z_k)}{z - z_k} - f'(z_k) \right| < \varepsilon. \tag{3.4}$$

现对每一 $k, 1 \leqslant k \leqslant n$, 定义

$$g_k(z) = \begin{cases} \dfrac{f(z) - f(z_k)}{z - z_k} - f'(z_k), & z \in A_k \cap \overline{D} - \{z_k\}, \\ 0, & z = z_k, \end{cases} \tag{3.5}$$

函数 $g_k(z)$ 定义在 $A_k \cap \overline{D}$ 上, 并且由(3.4)知

$$|g_k(z)| < \varepsilon, \quad z \in A_k \cap \overline{D}. \tag{3.6}$$

再对每一 $k, 1 \leqslant k \leqslant n$, 令 Λ_k 是 $A_k \cap \overline{D}$ 的正向边界 (一条简单闭路径) (图 3.3.2).

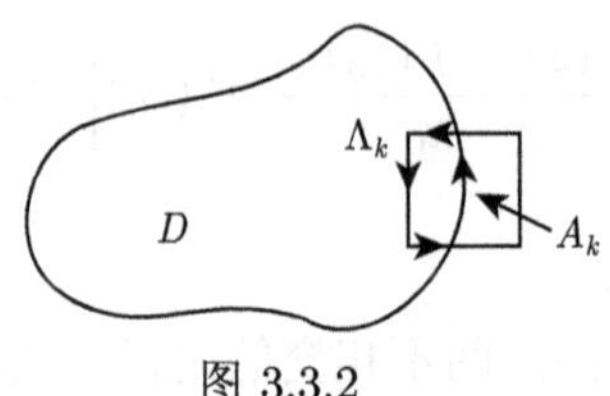

图 3.3.2

于是由 (3.5),

$$f(z) = f(z_k) - z_k f'(z_k) + z f'(z_k) + (z - z_k) g_k(z), \quad z \in \Lambda_k. \tag{3.7}$$

这样, 利用 3.2 节中的例 2 知 $\int_{\Lambda_k} f(z)dz = \int_{\Lambda_k} (z - z_k) g_k(z)dz$. 再反复利用本节一开始的引理, 得到

$$\int_\Gamma f(z)dz = \sum_{k=1}^n \int_{\Lambda_k} f(z)dz = \sum_{k=1}^n \int_{\Lambda_k} (z - z_k) g_k(z)dz. \tag{3.8}$$

今记 s_0 是 S_0 的一条边的边长; a_k 是 A_k 的一条边的边长; $|\Gamma|$ 是 Γ 的长度; $|\Gamma_k|$ 是 Γ 位于 A_k 中那部分的长度; $|\Lambda_k|$ 是 Λ_k 的长度, 则由(3.6)及(3.8)得

$$\begin{aligned}
\left|\int_\Gamma f(z)dz\right| &\leqslant \sum_{k=1}^n \left|\int_{\Lambda_k} (z - z_k) g_k(z)dz\right| \leqslant \sum_{k=1}^n \sqrt{2} a_k \varepsilon |\Lambda_k| \\
&\leqslant \sqrt{2}\varepsilon \sum_{k=1}^n a_k (4a_k + |\Gamma_k|) \leqslant 4\sqrt{2}\varepsilon \sum_{k=1}^n a_k^2 + \sqrt{2}\varepsilon \sum_{k=1}^n a_k |\Gamma_k| \\
&\leqslant 4\sqrt{2} s_0^2 \varepsilon + \sqrt{2}\varepsilon s_0 |\Gamma| = \sqrt{2}\left(4s_0^2 + s_0|\Gamma|\right)\varepsilon.
\end{aligned}$$

由 ε 的任意性得 $\int_\Gamma f(z)dz = 0$. □

例 1 求证当 $\xi \in \mathbb{R}$ 时, $\int_{-\infty}^{\infty} e^{-\pi x^2} e^{-2\pi i x \xi} dx = e^{-\pi \xi^2}$.

证明 当 $\xi = 0$ 时, 由数学分析知 $\int_{-\infty}^{\infty} e^{-\pi x^2} dx = 1$, 即公式成立. 故只需证 $\xi > 0$ 的情形.

设 $f(z)=e^{-\pi z^2}$. 取图 3.3.3 中的简单闭路径 Γ_R.

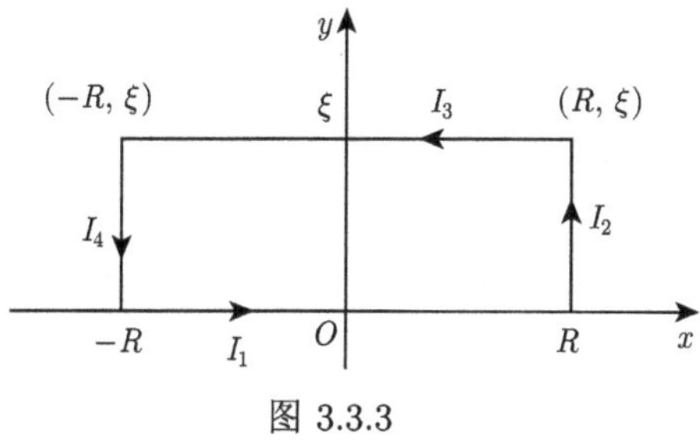

图 3.3.3

由 Cauchy 定理, 对任何 $R>0$

$$0=\int_{\Gamma_R} f(z)dz=\sum_{k=1}^{4}\int_{I_k} f(z)dz,$$

其中

$$\begin{aligned}\int_{I_2} f(z)dz&=\int_0^{\xi} f(R+iy)idy\\&=i\int_0^{\xi} e^{-\pi\left(R^2+2iRy-y^2\right)}dy=ie^{-\pi R^2}\int_0^{\xi} e^{\pi y^2}e^{-2\pi iRy}dy.\end{aligned}$$

当 ξ 固定时, 积分 $\displaystyle\int_0^{\xi} e^{\pi y^2}e^{-2\pi iRy}dy$ 作为 R 的函数是有界的, 从而易知 $\displaystyle\lim_{R\to\infty}\int_{I_2} f(z)dz=0$. 同理可证 $\displaystyle\lim_{R\to\infty}\int_{I_4} f(z)dz=0$. 又

$$\lim_{R\to\infty}\int_{I_1} f(z)dz=\lim_{R\to\infty}\int_{-R}^{R} e^{-\pi x^2}dx=1,$$

$$\lim_{R\to\infty}\int_{I_3} f(z)dz=-\lim_{R\to\infty}\int_{-R}^{R} e^{-\pi(x+i\xi)^2}dx=-e^{\pi\xi^2}\int_{-\infty}^{\infty} e^{-\pi x^2}e^{-2\pi ix\xi}dx.$$

从而 $0=1-e^{\pi\xi^2}\displaystyle\int_{-\infty}^{\infty} e^{-\pi x^2}e^{-2\pi ix\xi}dx$. 由此得本例. □

3.4　单连通与多连通

设 D 是一个开域 (连通开集). 若位于 D 内的任一简单闭路径的内部都包含在 D 内, 则 D 称为**单连通域**; 否则 D 称为**多连通域**. 多连通域可理解为从单连通域中挖去若干个“洞”所剩下的部分. 例如, 圆环 $\{z : 0 \leqslant r < |z| < R\}$ 就是一个多连通域, 它是从开圆盘 $|z| < R$ (这是一个单连通域) 中挖去闭圆盘 $|z| \leqslant r$ 后得到的 (图 3.4.1).

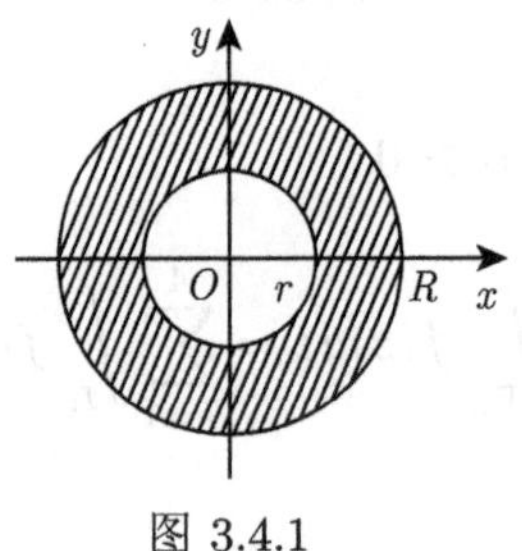

图 3.4.1

由 Cauchy 定理容易得到下面的结果.

定理 3.4.1　设 D 是单连通域, $f \in H(D)$. 则

(i) 对位于 D 中的任何闭路径 Γ 有 $\int_{\Gamma} f(z)dz = 0$;

(ii) 对 D 中任何两点 z_1 和 z_2, 以及 D 中任何两条从 z_1 到 z_2 的路径 Γ_1 和 Γ_2, 有 $\int_{\Gamma_1} f(z)dz = \int_{\Gamma_2} f(z)dz$.

证明　(i) 不妨设 Γ 是图 3.4.2 中的闭路径 $abcded'cb'a$. f 沿它的积分, 等于 f 沿两个简单闭路径 $abcb'a$ 与 $cded'c$ 的积分之和. 而由 Cauchy 定理, 后两个积分为 0, 从而 f 沿 Γ 的积分为 0.

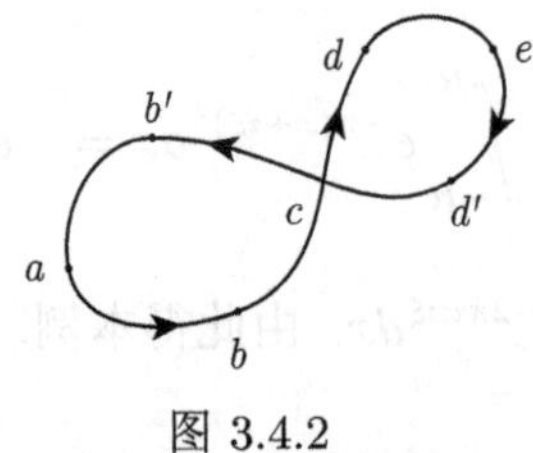

图 3.4.2

(ii) 此时 $\Gamma_1 + (-\Gamma_2)$ 构成 D 中的一条闭路径 (图 3.4.3).

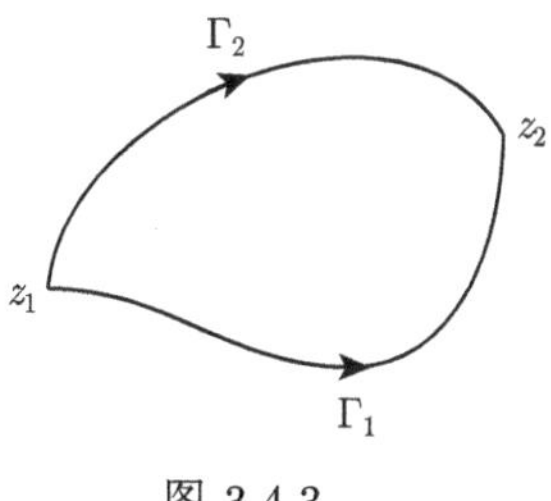

图 3.4.3

由 (i) 知 $\int_{\Gamma_1+(-\Gamma_2)} f(z)dz = 0$. 但

$$\int_{\Gamma_1+(-\Gamma_2)} f(z)dz = \int_{\Gamma_1} f(z)dz + \int_{-\Gamma_2} f(z)dz = \int_{\Gamma_1} f(z)dz - \int_{\Gamma_2} f(z)dz.$$

由此得 (ii). □

定理 3.4.2(多连通域的 Cauchy 定理) 设 Γ 是一条正向简单闭路径, 内部为 D. $\{\Gamma_k\}_{1\leqslant k\leqslant n}$ 是 D 中 n 条正向简单闭路径, 内部分别为 $\{D_k\}_{1\leqslant k\leqslant n}$, 并且它们的闭包两两不相交. 若 $f\in H\left(\overline{D}-\bigcup\limits_{k=1}^{n} D_k\right)$, 则

$$\int_{\Gamma} f(z)dz = \sum_{k=1}^{n}\int_{\Gamma_k} f(z)dz.$$

证明 不妨设 $n=2$. 此时 (图 3.4.4) $abcdefghia$ 和 $aih'gfe'dcb'a$ 是两条简单闭路径, f 沿它们的积分都为 0.

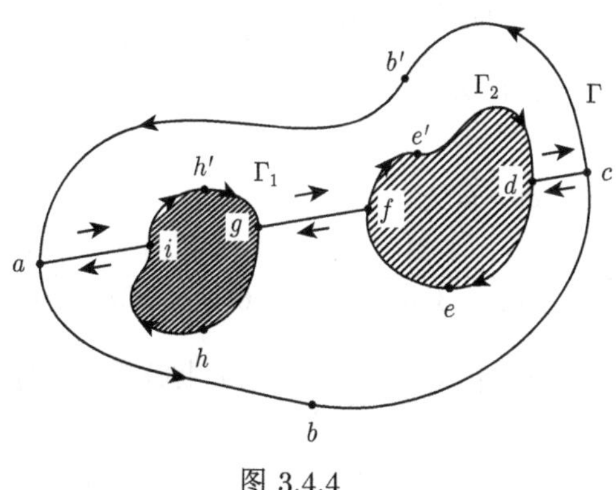

图 3.4.4

但容易看出这两个积分之和就是 f 沿 Γ, $-\Gamma_1$ 和 $-\Gamma_2$ 这三个积分之和. 由此得到 $\int_{\Gamma} f(z)dz = \int_{\Gamma_1} f(z)dz + \int_{\Gamma_2} f(z)dz.$ □

例 1 设 Γ 是正向简单闭路径, $a \notin \Gamma$, 求 $I = \int_\Gamma \frac{dz}{z-a}$.

解 设 Γ 的内部是 D. 若 a 在 Γ 的外部, 此时 $\frac{1}{z-a}$ 在 $\overline{D}$ 上解析. 由 Cauchy 定理, $I=0$. 若 a 在 Γ 的内部, 由于 D 是开集, 故有 $\varepsilon>0$ 使 $D_1=\{z: |z-a|<\varepsilon\} \subset D$ 并且 $\overline{D}_1 \subset D$ (图 3.4.5).

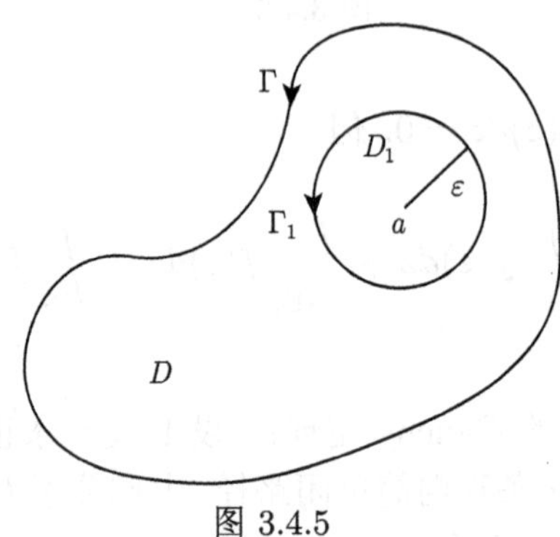

图 3.4.5

现令 Γ_1 是圆 D_1 的正方向边界. 此时 $\frac{1}{z-a}$ 在 $\overline{D}-D_1$ 上解析. 由多连通域的 Cauchy 定理及 3.2 节例 3 知

$$I = \int_\Gamma \frac{dz}{z-a} = \int_{\Gamma_1} \frac{dz}{z-a} = \int_{|z-a|=\varepsilon} \frac{dz}{z-a} = 2\pi i.$$

例 2 设 Γ 是正向简单闭路径, 求 $I = \int_\Gamma \frac{dz}{z^2+9}$, 其中

(i) $3i$ 在 Γ 内, $-3i$ 在 Γ 外;

(ii) $\pm 3i$ 都在 Γ 内.

解 设 D 是 Γ 的内部. 首先

$$\frac{1}{z^2+9} = \frac{1}{(z-3i)(z+3i)} = \frac{1}{6i}\left(\frac{1}{z-3i} - \frac{1}{z+3i}\right).$$

(i) 此时由于 $-3i$ 在 Γ 外, 故 $\frac{1}{z+3i}$ 在 $\overline{D}$ 上解析, 从而由 Cauchy 定理及例 1 知

$$I = \frac{1}{6i}\int_\Gamma \frac{dz}{z-3i} = \frac{1}{6i}\cdot 2\pi i = \frac{\pi}{3}.$$

(ii) 此时由例 1 得

$$I = \frac{1}{6i}\left(\int_\Gamma \frac{dz}{z-3i} - \int_\Gamma \frac{dz}{z+3i}\right) = \frac{1}{6i}(2\pi i - 2\pi i) = 0.$$

3.5 原函数、积分与路径无关

设 $F(z)$ 和 $f(z)$ 都是定义在开域 D 上的函数, 并且对每一 $z \in D$ 有 $F'(z)=f(z)$, 则 $F(z)$ 称为 $f(z)$ 在 D 上的一个**原函数**.

定理 3.5.1 设 $f(z)$ 在开域 D 上连续并且有原函数 $F(z)$, 则对 D 中任何两点 z_1 和 z_2 及位于 D 中的任何一条从 z_1 到 z_2 的路径 Γ, 皆有

$$\int_\Gamma f(z)dz = F(z_2)-F(z_1).$$

证明 不妨设 $\Gamma: z(t)=x(t)+iy(t),\ a \leqslant t \leqslant b$ 是光滑曲线. 于是

$$\begin{aligned}\int_\Gamma f(z)dz &= \int_a^b f(z(t))z'(t)dt = \int_a^b [F(z(t))]'dt \\ &= F(z(b))-F(z(a)) = F(z_2)-F(z_1).\end{aligned}$$

□

推论 若 $f(z)$ 在开域 D 上连续并且有原函数, 则 $f(z)$ 在 D 中任何一条闭路径上的积分为 0.

若积分 $\int_\Gamma f(z)dz$ 只与位于 D 中的路径 Γ 的始点和终点有关, 而与 Γ 无关, 则称 f 在 D 中的**积分与路径无关**. 由定理 3.5.1 知, 若 $f(z)$ 在开域 D 中连续并且有原函数, 则 f 在 D 中的积分与路径无关. 另一方面我们有如下定理.

定理 3.5.2 若 $f(z)$ 在开域 D 中连续并且其积分与路径无关, 则 $f(z)$ 有原函数.

证明 任取 $z_0 \in D$. 由于 $f(z)$ 在 D 中的积分与路径无关, 因此 $f(z)$ 在 D 中任何一条路径上的积分只决定于该路径的始点和终点. 因此对每一 $z \in D$, 可以定义函数

$$F(z)=\int_{z_0}^{z} f(w)dw,$$

它表示 f 沿 D 中任何一条从 z_0 到 z 的路径的积分. 现任意固定 $z \in D$, 并令 $\Delta z \neq 0$. 于是

$$\begin{aligned}\frac{F(z+\Delta z)-F(z)}{\Delta z} &= \frac{1}{\Delta z}\left[\int_{z_0}^{z+\Delta z} f(w)dw - \int_{z_0}^{z} f(w)dw\right] \\ &= \frac{1}{\Delta z}\int_{z}^{z+\Delta z} f(w)dw.\end{aligned}$$

现在取 z 到 $z+\Delta z$ 的路径为直线段 $w(t)=z+t\Delta z,\ 0 \leqslant t \leqslant 1$. 则

$$\frac{1}{\Delta z}\int_z^{z+\Delta z} f(w)dw = \frac{1}{\Delta z}\int_0^1 f(z+t\Delta z)\cdot \Delta z dt = \int_0^1 f(z+t\Delta z)dt.$$

这样利用 $f(z)$ 的连续性容易得知当 $\Delta z \to 0$ 时

$$\frac{F(z+\Delta z)-F(z)}{\Delta z} = \int_0^1 f(z+t\Delta z)dt \to \int_0^1 f(z)dt = f(z),$$

即 $F'(z)=f(z)$. 于是 $F(z)$ 是 $f(z)$ 的一个原函数. □

3.6 Cauchy 型积分、Cauchy 积分公式、导数公式

定理 3.6.1 设 Γ 是一条路径, f 在 Γ 上连续, 则 **Cauchy 型积分**

$$g(z) = \frac{1}{2\pi i}\int_\Gamma \frac{f(w)dw}{w-z}$$

作为 z 的函数, 在 $\mathbb{C}-\Gamma$ 上解析, 并且 g 在 $\mathbb{C}-\Gamma$ 上无穷次可导, 其导数公式为

$$g^{(n)}(z) = \frac{n!}{2\pi i}\int_\Gamma \frac{f(w)dw}{(w-z)^{n+1}}, \quad z\in\mathbb{C}-\Gamma.$$

证明 取定 $z\in\mathbb{C}-\Gamma$, 并令 $\rho=\min\{|z-w|: w\in\Gamma\}>0$. 取 $\Delta z\neq 0$ 使 $|\Delta z|<\frac{\rho}{2}$, 此时

$$\begin{aligned}\frac{g(z+\Delta z)-g(z)}{\Delta z} &= \frac{1}{2\pi\Delta z i}\int_\Gamma f(w)\left[\frac{1}{w-z-\Delta z}-\frac{1}{w-z}\right]dw\\ &= \frac{1}{2\pi i}\int_\Gamma \frac{f(w)dw}{(w-z-\Delta z)(w-z)}.\end{aligned}$$

又

$$\begin{aligned}\lambda(\Delta z) &= \frac{1}{2\pi i}\int_\Gamma \frac{f(w)dw}{(w-z-\Delta z)(w-z)} - \frac{1}{2\pi i}\int_\Gamma \frac{f(w)dw}{(w-z)^2}\\ &= \frac{\Delta z}{2\pi i}\int_\Gamma \frac{f(w)dw}{(w-z-\Delta z)(w-z)^2}.\end{aligned}$$

现在当 $w\in\Gamma$ 时 $|w-z|\geqslant\rho$, 并且

$$|w-z-\Delta z|\geqslant|w-z|-|\Delta z|\geqslant\rho-\frac{\rho}{2}=\frac{\rho}{2}.$$

此外 f 在 Γ 上是有界的, 不妨设 $|f(w)| \leqslant M$. 于是

$$|\lambda(\Delta z)| \leqslant \frac{|\Delta z|}{2\pi} \cdot \frac{M}{\frac{\rho}{2} \cdot \rho^2} \cdot |\Gamma| = \frac{M|\Gamma|}{\pi\rho^3}|\Delta z|,$$

其中 $|\Gamma|$ 是 Γ 的长度. 由此得知当 $\Delta z \to 0$ 时, $\lambda(\Delta z) \to 0$, 因此当 $\Delta z \to 0$ 时

$$\frac{g(z+\Delta z)-g(z)}{\Delta z} \to \frac{1}{2\pi i}\int_\Gamma \frac{f(w)dw}{(w-z)^2}.$$

所以 $g \in H(\mathbb{C}-\Gamma)$, 并且本定理中的导数公式对 $n=1$ 成立. 用数学归纳法及完全类似推理可得本定理中的导数公式对一切 $n \geqslant 1$ 成立. □

定理 3.6.2(Cauchy 积分公式与导数公式) 设正向简单闭路径 Γ 的内部为 D, $f \in H(\overline{D})$, 则对任何 $z \in D$ 有

$$f(z) = \frac{1}{2\pi i}\int_\Gamma \frac{f(w)dw}{w-z} \quad (\textbf{Cauchy 积分公式}).$$

此外 f 在 D 上无穷次可导, 并且对任何 $n \geqslant 0$ 及 $z \in D$ 有

$$f^{(n)}(z) = \frac{n!}{2\pi i}\int_\Gamma \frac{f(w)dw}{(w-z)^{n+1}} \quad (\textbf{导数公式}).$$

证明 任意取定 $z \in D$. 再取 $\varepsilon > 0$ 使 $\Gamma_\varepsilon = \{w : |w-z| = \varepsilon\}$ 及其内部都包含在 D 中. 由多连通域的 Cauchy 定理,

$$\int_\Gamma \frac{f(w)dw}{w-z} = \int_{\Gamma_\varepsilon} \frac{f(w)dw}{w-z} = \int_0^{2\pi} \frac{f\left(z+\varepsilon e^{it}\right)}{\varepsilon e^{it}} \cdot \varepsilon i e^{it} dt = i\int_0^{2\pi} f\left(z+\varepsilon e^{it}\right) dt.$$

上式对充分小的 $\varepsilon > 0$ 都成立. 故利用 f 的连续性得知当 $\varepsilon \to 0$ 时

$$\frac{1}{2\pi i}\int_\Gamma \frac{f(w)dw}{w-z} = \frac{1}{2\pi}\int_0^{2\pi} f\left(z+\varepsilon e^{it}\right) dt \to \frac{1}{2\pi}\int_0^{2\pi} f(z)dt = f(z).$$

这就证明了本定理中的第一个公式. 由这个公式, 再利用定理 3.6.1, 得知 f 在 D 上无穷次可导, 并且本定理中的第二个公式成立. □

推论 (平均值性质) 设 D 是开域, $f \in H(D)$. 则对任何 $z \in D$ 及 $\varepsilon > 0$, 只要 $\{w : |w-z| \leqslant \varepsilon\} \subset D$, 就有

$$f(z) = \frac{1}{2\pi}\int_0^{2\pi} f(z+\varepsilon e^{it})dt,$$

即 f 在 z 的值就是 f 在以 z 为中心的圆周上的积分平均值.

例 1　求 $I=\int_{|z|=2}\frac{zdz}{(9-z^2)(z+i)}$.

解　令 $f(z)=\frac{z}{9-z^2}$, 它在 $|z|\leqslant 2$ 上解析, 而 $-i$ 在 $|z|=2$ 内, 故由 Cauchy 积分公式,

$$\frac{1}{2\pi i}\int_{|z|=2}\frac{f(z)dz}{z+i}=f(-i)=\frac{-i}{9-(-i)^2}=\frac{-i}{10}.$$

从而所求积分 $I=\int_{|z|=2}\frac{f(z)dz}{z+i}=2\pi i\cdot\frac{-i}{10}=\frac{\pi}{5}$.

例 2　求 $I=\int_{|z|=2}\frac{z^5+3}{(z-1)^3}dz$.

解　令 $f(z)=z^5+3$, 它在 $|z|\leqslant 2$ 上解析, 而 1 在 $|z|=2$ 内. 故由导数公式

$$\frac{2!}{2\pi i}\int_{|z|=2}\frac{f(z)}{(z-1)^3}dz=f''(1)=\left(z^5+3\right)''\Big|_{z=1}=20z^3\Big|_{z=1}=20.$$

从而所求积分 $I=\int_{|z|=2}\frac{f(z)}{(z-1)^3}dz=\pi i\cdot 20=20\pi i$.

下面的结果可以看成 Cauchy 定理的逆定理.

定理 3.6.3(Morera)　若 $f(z)$ 在开域 D 中连续, 并且对 D 中任一闭路径 Γ 有 $\int_\Gamma f(z)dz=0$, 则 $f\in H(D)$.

证明　此时 $f(z)$ 在开域 D 中的积分与路径无关. 因此由定理 3.5.2, $f(z)$ 有原函数. 也就是说 $f(z)$ 是一个解析函数的导函数. 但从定理 3.6.2 知解析函数是无穷次可导的, 从而 $f(z)$ 本身是解析函数, 即 $f\in H(D)$. □

3.7　最大模原理

引理 3.7.1　设 D 是开域, $f\in H(D)$. 若 $|f(z)|$ 在 D 中是常数, 则 $f(z)$ 是常数.

证明　若 $|f(z)|\equiv 0$, 则当然 $f(z)\equiv 0$. 现设 $|f(z)|\equiv c\neq 0$. 于是

$$u^2(x,y)+v^2(x,y)\equiv c^2\neq 0,$$

其中 $f=u+iv$. 对上式两边求偏导数, 得 $uu_x+vv_x\equiv 0$, $uu_y+vv_y\equiv 0$. 但由

C-R 方程知, $u_x = v_y$, $u_y = -v_x$. 从而得到方程组

$$\begin{cases} uu_x + vv_x = 0, \\ vu_x - uv_x = 0. \end{cases}$$

解此方程组得 $u_x = u_y = v_x = v_y \equiv 0$. 又 D 是开域, 即连通开集, 从而 u 和 v 都是常数, 故 f 是常数. □

定理 3.7.1(最大模原理) 设 D 是开域, $f \in H(D)$. 若 $|f(z)|$ 在 D 内某点达到最大, 则 f 是常数.

证明 不妨设 $|f(z)|$ 在 D 内达到最大值 $M > 0$. 设

$$D_1 = \{z \in D : |f(z)| < M\}, \quad D_2 = \{z \in D : |f(z)| = M\}.$$

若能证明 D_2 是开集, 则由于 D_1 是和 D_2 不相交的开集, 故由定理 1.6.1 知 $D_1 = \varnothing$. 从而对一切 $z \in D$ 有 $|f(z)| = M$. 由引理 3.7.1, $f(z)$ 是常数.

为证 D_2 是开集, 我们用反证法. 假设 D_2 不是开集, 则有 $c \in D_2$, 使 D_2 不是 c 的邻域. 但 $c \in D$ 而且 D 是开集, 从而有 $r > 0$ 使 $\overline{V}(c,r) \subset D$. 此时 $\overline{V}(c,r)$ 中必有 D_1 的点. 不妨设

$$\Gamma : z = c + re^{it}, \quad 0 \leqslant t \leqslant 2\pi$$

位于 D 中, 并且有 $0 < t_0 < 2\pi$, 使 $z_0 = c + re^{it_0} \in D_1$ (图 3.7.1).

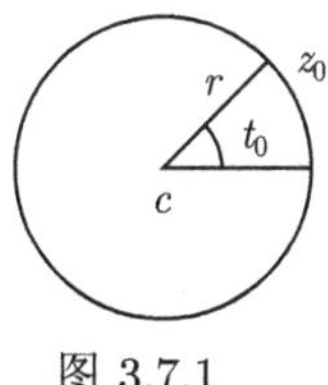

图 3.7.1

由于 $|f(z_0)| < M$, 所以由连续性, 有 $\delta, \eta > 0$ 使

$$\left|f(c + re^{it})\right| \leqslant M - \eta, \quad 0 < t_0 - \delta \leqslant t \leqslant t_0 + \delta < 2\pi.$$

现在由平均值性质,

$$\begin{aligned} M = |f(c)| &= \frac{1}{2\pi}\left|\int_0^{2\pi} f(c + re^{it})dt\right| \\ &\leqslant \frac{1}{2\pi}\int_0^{t_0-\delta} \left|f(c + re^{it})\right| dt + \frac{1}{2\pi}\int_{t_0-\delta}^{t_0+\delta} \left|f(c + re^{it})\right| dt \end{aligned}$$

$$
\begin{aligned}
&+\frac{1}{2\pi}\int_{t_0+\delta}^{2\pi}\left|f(c+re^{it})\right|dt\\
&\leqslant \frac{M}{2\pi}(t_0-\delta)+\frac{M-\eta}{2\pi}\cdot 2\delta+\frac{M}{2\pi}(2\pi-t_0-\delta)\\
&<M.
\end{aligned}
$$

这个矛盾说明 D_2 是开集. □

推论 1　设 D 是开域, $f\in H(D)$. 则当 f 非常数时, $|f(z)|$ 在 D 上不可能达到最大.

推论 2　设 D 是有界开域, ∂D 是 D 的边界, $f\in H(D)$ 并且 f 在 $\overline{D}=D\cup\partial D$ 上连续, 非常数, 则 $|f(z)|$ 在 $\overline{D}$ 上必能达到最大, 而且这个最大值在且仅在 ∂D 上达到.

例 1　设 f 在开域 D 中解析而且非常数. 若 $|f(z)|$ 在 D 中达到最小值 m, 则 $m=0$.

证明　若 $m>0$, 则 $\dfrac{1}{f(z)}$ 在 D 中解析而且非常数, 并且 $\left|\dfrac{1}{f(z)}\right|$ 达到最大值 $\dfrac{1}{m}$. 由最大模原理, $\dfrac{1}{f(z)}$ 在 D 中是常数, 从而 f 在 D 中是常数, 得矛盾. □

例 2　设 $f=u+iv$ 在开域 D 中解析而且非常数. 则 u 不能在 D 中达到最大.

证明　此时 e^f 在开域 D 中解析而且非常数, 故由最大模原理, $|e^f|$ 不能在 D 中达到最大. 但 $|e^f|=|e^{u+iv}|=e^u$. 因此 e^u 不能在 D 中达到最大, 故 u 也如此. □

3.8　Schwarz 定理、Liouville 定理、代数基本定理

引理 3.8.1 (Schwarz)　设 Γ 是正向简单闭路径, D 是其内部, $z_0\in D$, $f\in H(\overline{D}-\{z_0\})$. 若 f 在 z_0 连续, 则 f 在 z_0 解析, 从而 $f\in H(\overline{D})$.

证明　在 D 中取 $z\neq z_0$, 并在 D 中取两个分别以 z_0 和 z 为中心, 以 $r>0$ 为半径的闭圆 (图 3.8.1).

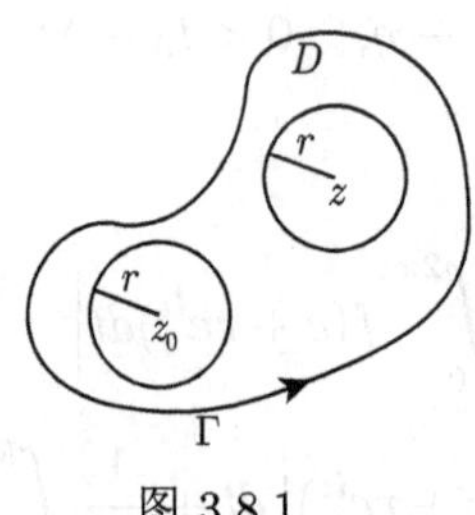

图 3.8.1

由多连通域的 Cauchy 定理, 我们有

$$\int_{\Gamma}\frac{f(w)dw}{w-z}=\int_{|w-z_0|=r}\frac{f(w)dw}{w-z}+\int_{|w-z|=r}\frac{f(w)dw}{w-z}.$$

但由 Cauchy 公式, $\displaystyle\int_{|w-z|=r}\frac{f(w)dw}{w-z}=2\pi if(z)$. 此外由 f 在 z_0 的连续性得知当 $r\to 0$ 时

$$\int_{|w-z_0|=r}\frac{f(w)dw}{w-z}=\int_0^{2\pi}\frac{f\left(z_0+re^{it}\right)}{z_0+re^{it}-z}\cdot ire^{it}dt\to 0.$$

这样我们得到对 D 中任何 $z\neq z_0$, 有 $\displaystyle\int_{\Gamma}\frac{f(w)dw}{w-z}=2\pi if(z)$ 或

$$f(z)=\frac{1}{2\pi i}\int_{\Gamma}\frac{f(w)dw}{w-z}.$$

但上式右方是 Cauchy 型积分, 它在 D 中解析. 因此由 f 在 z_0 的连续性得以上等式对一切 $z\in D$ 成立, 故 f 在 z_0 解析. □

定理 3.8.1(Schwarz) 设 f 在 $|z|<1$ 中解析, $|f(z)|\leqslant 1$, $f(0)=0$, 则

(i) $|f(z)|\leqslant|z|$ 而且 $|f'(0)|\leqslant 1$;

(ii) 若有 $0<|z_0|<1$ 使 $|f(z_0)|=|z_0|$ 或 $|f'(0)|=1$, 则有某实数 α 使 $f(z)=e^{i\alpha}z$.

证明 令

$$g(z)=\begin{cases}\dfrac{f(z)}{z}, & 0<|z|<1,\\ f'(0), & z=0,\end{cases}$$

则 $g(z)$ 在 $0<|z|<1$ 中解析, 在 $z=0$ 连续. 由 Schwarz 定理, $g(z)$ 在 $|z|<1$ 中解析. 现任意固定 z, $|z|<1$. 再任取 r 使 $|z|<r<1$. 则由最大模原理,

$$|g(z)|\leqslant\max\{|g(w)|:|w|=r\}=\max\left\{\left|\frac{f(w)}{w}\right|:|w|=r\right\}\leqslant\frac{1}{r}.$$

在以上不等式中令 $r\to 1$, 即得 $|g(z)|\leqslant 1$. 从而得 (i).

其次若有 $0<|z_0|<1$ 使 $|f(z_0)|=|z_0|$ 或 $|f'(0)|=1$, 这说明 $|g(z)|$ 在 $|z|<1$ 中某点达到最大值 1. 由最大模原理, $g(z)$ 是模为 1 的常数, 即有某实数 α 使 $g(z)=e^{i\alpha}$. 由此得 (ii). □

注 Schwarz 定理讲述的是单位圆内的解析函数 f, 它在很少的条件下得出 f 的具体表达式, 因此有着广泛的应用.

定理 3.8.2(Liouville) 有界整函数必是常数.

证明 设 f 是有界整函数, $|f(z)| \leqslant M$. 任意固定 $z \in \mathbb{C}$, 则对任何 $R > 0$, 由导数公式,

$$|f'(z)| = \left|\frac{1}{2\pi i}\int_{|w-z|=R}\frac{f(w)dw}{(w-z)^2}\right| \leqslant \frac{1}{2\pi}\cdot\frac{M}{R^2}\cdot 2\pi R = \frac{M}{R}.$$

但当 $R \to +\infty$ 时 $\dfrac{M}{R} \to 0$, 因此 $|f'(z)| = 0$, 即 $f'(z) = 0$. 由 z 的任意性得知 f 是常数. □

定理 3.8.3(代数基本定理) n 阶 $(n \geqslant 1)$ 多项式至少有一个零点.

证明 设 $P(z) = a_0 + a_1 z + a_2 z^2 + \cdots + a_n z^n$, $n \geqslant 1$, $a_n \neq 0$. 假设 $P(z)$ 没有零点. 于是 $Q(z) = \dfrac{1}{P(z)}$ 是一个整函数. 又

$$\begin{aligned}|P(z)| &\geqslant |a_n z^n| - \left[|a_0| + |a_1 z| + \cdots + \left|a_{n-1}z^{n-1}\right|\right]\\ &= |z|^n\left\{|a_n| - \left[\left|\frac{a_0}{z^n}\right| + \left|\frac{a_1}{z^{n-1}}\right| + \cdots + \left|\frac{a_{n-1}}{z}\right|\right]\right\},\end{aligned}$$

从而有 $R_0 > 0$, 使对一切 $|z| > R_0$ 有 $|P(z)| \geqslant R_0^n \cdot \dfrac{|a_n|}{2}$. 另一方面 $P(z)$ 在 $|z| \leqslant R_0$ 上没有零点, 因此 $|P(z)|$ 在 $|z| \leqslant R_0$ 上有最小值 $m > 0$. 这样, $Q(z)$ 是有界整函数. 由 Liouville 定理, $Q(z)$ 是常数, 从而 $P(z)$ 是常数, 此为矛盾. 由此得本定理. □

3.9 调和函数、Poisson 积分

设 D 是开域, $u = u(x, y)$ 在 D 上有二阶连续偏导数 (u 可以是复值的), 并**约定符号** $\Delta u = \dfrac{\partial^2 u}{\partial x^2} + \dfrac{\partial^2 u}{\partial y^2}$, 其中 $\Delta = \dfrac{\partial^2}{\partial x^2} + \dfrac{\partial^2}{\partial y^2}$ 称为 **Laplace 算子**. 若在 D 上 $\Delta u = 0$, 即

$$\frac{\partial^2 u}{\partial x^2} + \frac{\partial^2 u}{\partial y^2} = 0, \quad z = x + iy \in D,$$

则 u 称为 D 上的**调和函数**.

现由定理 3.6.2 得知, 若 $f(z) = u(x, y) + iv(x, y)$ 在开域 D 中解析, 则 $f(z)$ 在 D 中无穷次可导. 从而对任何正整数 n, $f^{(n)}(z)$ 也在开域 D 中解析. 再由定理 2.4.2 知, 其实部 u 和虚部 v 在开域 D 中有各阶连续偏导数, 从而 Δu, Δv 都是有意义的.

定理 3.9.1 设 $f(z) = u(x, y) + iv(x, y)$ 在开域 D 中解析, 则 u 和 v 都在 D 中调和. 从而 $f(z) = f(x, y)$ 也在 D 中调和, 即 $\Delta u = \Delta v = \Delta f = 0$.

证明 由 C-R 方程得知对任何 $z = x + iy \in D$ 有 $u_{xx}(x, y) = v_{xy}(x, y) = -u_{yy}(x, y)$, 故 $\Delta u = 0$. 同理可证 $\Delta v = 0$. 故也有 $\Delta f = 0$. □

反之, 若 u 和 v 都是实调和函数, 则 $f(z) = u(x, y) + iv(x, y)$ 不一定解析! 但我们有

定理 3.9.2 若 u 是单连通开域 D 中的实调和函数, 则有开域 D 中的实调和函数 v, 使 $f = u + iv \in H(D)$.

证明 设 $P = -\frac{\partial u}{\partial y}$, $Q = \frac{\partial u}{\partial x}$. 由 u 是调和函数的定义得知 P, Q 有连续偏导数, 且 $\frac{\partial P}{\partial y} = \frac{\partial Q}{\partial x}$. 利用数学分析知识得知有 D 中的可微函数 v, 使 $dv = Pdx + Qdy$. 于是

$$\frac{\partial u}{\partial x} = Q = \frac{\partial v}{\partial y}, \quad \frac{\partial u}{\partial y} = -P = -\frac{\partial v}{\partial x},$$

即 u 和 v 满足 C-R 方程. 从而由定理 2.4.2 知 $f = u + iv \in H(D)$. □

注 若 u 是一个一般开域 D 上的实调和函数, 则对 D 中任何一个圆盘 $V(a, r)$, 在 $V(a, r)$ 中 u 是一个解析函数的实部. 从这个意义上可以说实调和函数局部地是解析函数的实部. 因此实调和函数应享有解析函数的某些性质.

定理 3.9.3(调和函数的平均值性质) 若 $u(z)$ 是 $D = \{z : |z - a| < R\}$ 中的实调和函数, 则对任何 $0 < r < R$,

$$u(a) = \frac{1}{2\pi} \int_0^{2\pi} u(a + re^{i\theta}) d\theta.$$

证明 由定理 3.9.2, 此时 u 是一个在 D 中解析的函数 f 的实部. 但 f 有平均值性质 (定理 3.6.2 推论), 即

$$f(a) = \frac{1}{2\pi} \int_0^{2\pi} f(a + re^{i\theta}) d\theta.$$

在上式比较两边实部即得本定理. □

定理 3.9.4(调和函数最大值最小值原理) 开域 D 中的非常数实调和函数 $u = u(z)$ 不能在 D 中达到最大值和最小值.

证明 假设 $u(z)$ 在 D 中达到最大值 M. 把 D 分解成下面两个不相交的集:

$$D_1 = \{z \in D : u(z) < M\}, \quad D_2 = \{z \in D : u(z) = M\}.$$

利用调和函数的平均值性质定理 3.9.3, 容易证明 D_2 是开集 (参见定理 3.7.1). 又 D_1 很明显地是开集. 故由定理 1.6.1, 得知 $D_1=\varnothing, D_2=D$, 即对一切 $z\in D$ 有 $u(z)=M$, 此和 u 非常数矛盾.

再考虑 $-u(z)$, 得知 $u(z)$ 不能在 D 中达最小值. □

下面关于调和函数, 有一个所谓边值问题, 通常也称为 **Dirichlet 问题**, 它是说: 给定单位圆周 $|z|=1$ 上的一个实值连续函数 f, 求出闭单位圆 $|z|\leqslant 1$ 上的一个实值连续函数, 使其在该圆内部 $|z|<1$ 中调和, 而在 $|z|=1$ 上等于 f.

若把上述边界 $|z|=1$ 比作定理 3.6.1 中的路径 Γ, 那么在那里讨论的 Cauchy 型积分, 是指在 $|z|=1$ 上给定一个连续函数 f, 然后构造在其内部 $|z|<1$ 中解析的函数 g. 但在那里我们没有要求这个 g 和边界上那个 f 的其他关系. 所以解 Dirichlet 问题形式上和 Cauchy 型积分类似, 但要求更多了.

为此首先对 $0\leqslant r<1$ 及实数 t, 定义正的实值函数

$$
\begin{aligned}
P_r(t)=\sum_{n=-\infty}^{\infty} r^{|n|}e^{int}&=\sum_{n=0}^{\infty}(re^{it})^n+\sum_{n=1}^{\infty}(re^{-it})^n\\
&=\frac{1}{1-re^{it}}+\frac{re^{-it}}{1-re^{-it}}=\frac{1-r^2}{1-2r\cos t+r^2}>0,
\end{aligned}\tag{3.9}
$$

上述级数当 $r\in[0,1)$ 固定时关于 $t\in(-\infty,\infty)$ 是一致收敛的, 从而易证 (在级数中逐项积分)

$$
1=\frac{1}{2\pi}\int_{-\pi}^{\pi}P_r(t)dt=\frac{1}{2\pi}\int_{-\pi}^{\pi}\frac{1-r^2}{1-2r\cos t+r^2}dt,\quad 0\leqslant r<1. \tag{3.10}
$$

另一方面若 $z=re^{i\theta}, 0\leqslant r<1, \theta$ 为实数, 则

$$
\begin{aligned}
\frac{e^{it}+z}{e^{it}-z}&=\frac{(e^{it}+re^{i\theta})(e^{-it}-re^{-i\theta})}{|e^{it}-re^{i\theta}|^2}=\frac{(1-r^2)+r(e^{i(\theta-t)}-e^{-i(\theta-t)})}{1-2r\cos(\theta-t)+r^2}\\
&=\frac{(1-r^2)+i2r\sin(\theta-t)}{1-2r\cos(\theta-t)+r^2},
\end{aligned}
$$

于是实部

$$
\mathrm{Re}\frac{e^{it}+z}{e^{it}-z}=\frac{1-r^2}{1-2r\cos(\theta-t)+r^2}=P_r(\theta-t). \tag{3.11}
$$

现在给定单位圆周 $|z|=1$ 上的实值连续函数 f, 它可以表示为 $f(e^{i\theta})$. 于是积分

$$
\frac{1}{2\pi}\int_{-\pi}^{\pi}\frac{e^{it}+z}{e^{it}-z}f(e^{it})dt
$$

作为 $z \in V(0,1)$ 的函数是解析的 (参阅 Γ 是单位圆周 $|z|=1$ 时的定理 3.6.1), 因此作为这个解析函数的实部, 由 (3.11),

$$P[f](re^{i\theta}) = \frac{1}{2\pi}\int_{-\pi}^{\pi} P_r(\theta - t)f(e^{it})dt, \quad 0 \leqslant r < 1,\ \theta \text{ 为实数} \tag{3.12}$$

在 $V(0,1)$ 中是调和函数.

(3.11) 中的实函数 $P_r(\theta - t)$ 称为 **Poisson 核**, 而 (3.12) 中 $z = re^{i\theta}$ 的函数 $P[f]$ 称为 f 的 **Poisson 积分**. 现在我们可以进一步证明下列命题.

(P) 当单位圆盘 $V(0,1)$ 中的点 $z = re^{i\theta}$ 趋向于边界上的点 e^{ia} 时, f 的 Poisson 积分 $P[f](re^{i\theta})$ 收敛于 $f(e^{ia})$.

为此任给 $\varepsilon > 0$. 不妨设

$$-\pi < a < \pi. \tag{3.13}$$

由于 f 在 $|z|=1$ 上连续, 故有界, 从而设

$$|f(e^{it})| \leqslant M, \quad \forall t, \tag{3.14}$$

并且存在 $\delta < \frac{\pi}{2}$, 使

$$|f(e^{it}) - f(e^{ia})| < \varepsilon, \quad |t - a| < \delta \tag{3.15}$$

以及

$$-\pi < a - \delta < a < a + \delta < \pi. \tag{3.16}$$

再令

$$a - \frac{\delta}{2} \leqslant \theta \leqslant a + \frac{\delta}{2}. \tag{3.17}$$

现在由 (3.10) 及 (3.12),

$$\begin{aligned} \left|P[f](re^{i\theta}) - f(e^{ia})\right| &= \left|\frac{1}{2\pi}\int_{-\pi}^{\pi}\frac{1-r^2}{1-2r\cos(\theta-t)+r^2}[f(e^{it}) - f(e^{ia})]dt\right| \\ &\leqslant \frac{1}{2\pi}\left|\int_{-\pi}^{a-\delta}\right| + \frac{1}{2\pi}\left|\int_{a-\delta}^{a+\delta}\right| + \frac{1}{2\pi}\left|\int_{a+\delta}^{\pi}\right| = I_1 + I_2 + I_3. \end{aligned} \tag{3.18}$$

由 (3.15),

$$I_2 = \frac{1}{2\pi}\left|\int_{a-\delta}^{a+\delta}\right| < \frac{\varepsilon}{2\pi}\int_{a-\delta}^{a+\delta}\frac{1-r^2}{1-2r\cos(\theta-t)+r^2}dt \leqslant \frac{\varepsilon}{2\pi} < \frac{\varepsilon}{3}. \tag{3.19}$$

当 $-\pi \leqslant t \leqslant a-\delta$ 时, 由 (3.17), $t \leqslant a-\delta < a-\dfrac{\delta}{2} \leqslant \theta$, 故由 (3.16), (3.17),

$$0<\frac{\delta}{2}<\theta-t \leqslant a+\frac{\delta}{2}+\pi<2\pi-\frac{\delta}{2}.$$

同样当 $a+\delta \leqslant t \leqslant \pi$ 时, 由 (3.17), $\theta \leqslant a+\dfrac{\delta}{2}<a+\delta \leqslant t$, 故由 (3.16), (3.17),

$$0<\frac{\delta}{2}<t-\theta \leqslant \pi-\left(a-\frac{\delta}{2}\right)<2\pi-\frac{\delta}{2}.$$

从而对一切 $t \in[-\pi, a-\delta] \cup[a+\delta, \pi]$ 及 $\theta \in\left[a-\dfrac{\delta}{2}, a+\dfrac{\delta}{2}\right]$, 我们有

$$1-2r\cos(\theta-t)+r^2=(1-r)^2+2r[1-\cos(\theta-t)]>2r\left[1-\cos\frac{\delta}{2}\right].$$

于是由 (3.14),

$$I_1=\frac{1}{2\pi}\left|\int_{-\pi}^{a-\delta}\right| \leqslant \frac{2M}{2\pi}\int_{-\pi}^{a-\delta}\frac{1-r^2}{2r\left[1-\cos\dfrac{\delta}{2}\right]}dt \leqslant \frac{M(1-r^2)}{r\left[1-\cos\dfrac{\delta}{2}\right]}.$$

类似估计, 得

$$I_3=\frac{1}{2\pi}\left|\int_{a+\delta}^{\pi}\right| \leqslant \frac{M(1-r^2)}{r\left[1-\cos\dfrac{\delta}{2}\right]}.$$

这样就有 $0<r_0<1$, 使当 $r_0 \leqslant r<1$ 时, $I_1<\dfrac{\varepsilon}{3}, I_3<\dfrac{\varepsilon}{3}$. 于是对于一切 $\theta \in\left(a-\dfrac{\delta}{2}, a+\dfrac{\delta}{2}\right)$ 及 $r_0<r<1$, 由 (3.18) 及 (3.19) 得到

$$\left|P[f](re^{i\theta})-f(e^{ia})\right| \leqslant I_1+I_2+I_3<\frac{\varepsilon}{3}+\frac{\varepsilon}{3}+\frac{\varepsilon}{3}=\varepsilon.$$

从而说明当 $V(0,1)$ 中的 $z=re^{i\theta}$ 趋向于边界上的点 e^{ia} 时, f 的 Poisson 积分 $P[f](re^{i\theta})$ 收敛于 $f(e^{ia})$. 命题 (P) 得证.

上述 e^{ia} 可以是单位圆周 $|z|=1$ 上任何一点. 因此如果我们定义

$$H(re^{i\theta})=\begin{cases} f(e^{i\theta}), & r=1, \\ P[f](re^{i\theta}), & 0 \leqslant r<1, \end{cases}$$

则 H 是一个在 $\overline{V}(0,1)$ 上连续, 在 $V(0,1)$ 中调和的实值函数. 它就是 Dirichlet 问题所要求的.

注 当 $|z|=1$ 上的连续函数 $f(e^{i\theta})$ 给定后, $r\to 1$ 时, 由 (3.12) 定义的 Poisson 积分 $P[f](re^{i\theta})$ 关于 θ 是一致收敛于 $f(e^{i\theta})$ 的.

习 题 3

1. 设 Γ 为从 $-i$ 到 i 的右半单位圆, $-\dfrac{\pi}{2}\leqslant \arg z\leqslant \dfrac{\pi}{2}$, 求 $I=\displaystyle\int_\Gamma \frac{dz}{\sqrt{z}}$.

2. 计算积分 $I=\displaystyle\int_\Gamma |z|dz$, 其中 Γ 是

(i) 沿 0 到 $2-i$ 的直线段;

(ii) 从 1 到 -1 的上半单位圆;

(iii) 从 $-i$ 到 i 的右半单位圆;

(iv) 正向圆周 $|z|=r$.

3. 设 f 在 $z=a$ 的一个邻域内连续, 求证 $\displaystyle\lim_{r\to 0}\frac{1}{2\pi i}\int_{|z-a|=r}\frac{f(z)dz}{z-a}=f(a)$.

4. 求 $\displaystyle\frac{1}{2\pi i}\int_{|z|=r}\frac{e^z dz}{z^{k+1}}$, 其中 k 为非负整数.

5. 求 $\displaystyle\frac{1}{2\pi i}\int_{|z|=1}\frac{zdz}{z-a}$, 其中 $|a|<1$.

6. 求 $\displaystyle\frac{1}{2\pi i}\int_{|z-1|=2}\frac{\sin z dz}{z(z+2)}$.

7. 求 $\displaystyle\frac{1}{2\pi i}\int_{|z-i|=2}\left(\frac{\sin z}{z}\right)^2 dz$.

8. 求 $\displaystyle\frac{1}{2\pi i}\int_{|z+i|=2}\frac{(z-1)dz}{(z-2)(z+1)^2}$.

9. 求 $\displaystyle\frac{1}{2\pi i}\int_{|z|=2}\frac{z^2+4z+7}{(z+1)^2}dz$.

10. 求 $\displaystyle\frac{1}{2\pi i}\int_{|z-\frac{1}{2}|=1}\frac{4z+7}{5z-2z^2-2}dz$.

11. 求 $\displaystyle\frac{1}{2\pi i}\int_{|z-1|=1}\frac{\cos\frac{\pi z}{3}}{z^4-1}dz$.

12. 求 $\displaystyle\int_{|z|=1}\frac{e^z-e^{-z}}{z^n}dz$, n 为正整数.

13. 求 $\displaystyle\int_{|z-1|=\frac{1}{2}}\frac{\log z}{z^n}dz$, n 为正整数.

14. 设 Γ 是下图中的闭路径. 研究 $\displaystyle\int_\Gamma e^z dz$, 从而计算 $I=\displaystyle\int_0^{\frac{\pi}{2}} e^{a\cos t}\cos(a\sin t+t)dt$.

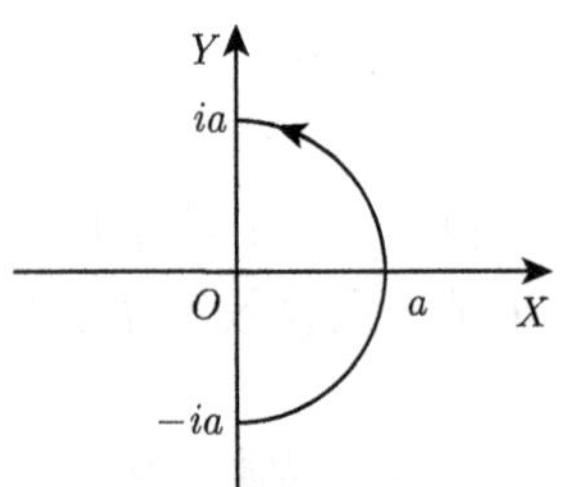

15. 研究积分 $\displaystyle\int_{|z|=1}\frac{e^{iz^2}dz}{z}$, 以计算 $I=\displaystyle\int_0^{2\pi}e^{-\sin 2t}\cos(\cos 2t)dt$.

16. 列举一个在开域 D 中的解析函数 f, 使 f 在 D 中没有原函数.

17. 设 f 是非常数整函数, 求证 f 的值域在 $\mathbb{C}$ 中稠密, 即对任何 $a\in\mathbb{C}$ 及 $\varepsilon>0$, 必有 z_0 使 $f(z_0)\in V(a,\varepsilon)$.

18. (Cauchy 不等式) 设 f 在 $|z-a|\leqslant R$ 上解析, $M_R=\max\limits_{|z-a|=R}|f(z)|$. 求证

$$\left|f^{(n)}(a)\right|\leqslant\frac{n!M_R}{R^n}.$$

19. 设 f 是整函数, $|f(z)|\leqslant A+B|z|^k$, k 是非负整数, 求证 f 是至多 k 次多项式.

20. 设 Γ 是简单闭路径, D 是其内部, f 在 D 中解析, 在 $\overline{D}$ 上连续.

(i) 若 $|f(z)|$ 在 Γ 上是常数 M, 求证或者 f 是常数, 或者 f 在 D 中有零点;

(ii) 若 f 在 Γ 上取实值, 求证 f 是常数.

21. 设 f 在开域 D 中解析非常数, $\operatorname{Re}f(z)\geqslant 0$, 求证 $\operatorname{Re}f(z)>0$.

22. 设 f 是整函数. 求证当下列条件之一满足时, f 是常数:

(i) $\lim\limits_{z\to\infty}\dfrac{f(z)}{z}=0$;　(ii) $|f(z)|\leqslant a\sqrt{|z|}+b$.

23. 设 f 和 g 是整函数, $\operatorname{Re}f\leqslant k\operatorname{Re}g$, 其中 k 为实常数, 求证 $f(z)=kg(z)+c$.

24. 设 $A=\{z:0<r\leqslant|z|\leqslant R\}$. 求证有 $a>0$, 使对任何整函数 f, $\max\limits_{z\in A}\left|f(z)-\dfrac{1}{z}\right|\geqslant a$.

25. 设 f 在 $|z|<1$ 中解析, $|f(z)|\leqslant\dfrac{c}{1-|z|}$, 求证 $|f'(z)|\leqslant\dfrac{4c}{(1-|z|)^2}$.

26. 设 $f(z)$ 在 $|z|<1$ 中解析并且 $|f(z)|\leqslant|f(z^2)|$. 求证 $f(z)$ 是常数.

27. 设 f 在 $|z|<1$ 中解析, 在 $|z|\leqslant 1$ 上连续.

(i) 若 $f(z)$ 在 $|z|=1$ 上是常数 c, 求证在 $|z|\leqslant 1$ 上 $f(z)$ 是常数;

(ii) 求证不可能对一切 $|z|=1$ 有 $f(z)=\dfrac{1}{z}$.

28. 列举无界开域 D 及 $f\in H(D)$, 使 f 在 $\overline{D}$ 上连续有界, 但 $|f(z)|$ 在 $\overline{D}$ 上没有最大值.

29. 研究积分

$$\frac{1}{2\pi i}\int_{|w|=R}\frac{w+z}{w(w-z)}dw$$

以求积分

$$\frac{1}{2\pi}\int_0^{2\pi}\frac{R^2-|z|^2}{|Re^{i\theta}-z|^2}d\theta,$$

其中 $0 \leqslant |z| < R$.

30. 设 $f(z)$ 在 $|z-z_0|>r_0$ 中解析且 $\lim\limits_{z\to\infty} zf(z)=A$. 求证对任何 $R>r_0$,

$$\frac{1}{2\pi i}\int_{|z-z_0|=R} f(z)dz = A.$$

31. 设 f 在 $|z|\leqslant 1$ 上解析, 而且当 $|z|=1$ 时 $|f(z)-z|\leqslant 1$. 求证 $\left|f'\left(\frac{1}{2}\right)\right|\leqslant 8$.

32. 设 $n\geqslant 1, a_0\neq 0, P(z)=a_0z^n+a_1z^{n-1}+\cdots+a_n$.

(i) 求证 $\max\limits_{|z|\leqslant 1}|P(z)|=\max\limits_{|z|\leqslant 1}|a_0+a_1z+\cdots+a_nz^n|$;

(ii) 求证 $\max\limits_{|z|\leqslant 1}|P(z)|\geqslant |a_0|$;

(iii) 若当 $|z|\leqslant 1$ 时 $|P(z)|\leqslant M$, 求证当 $R>1$ 时, $\max\limits_{|z|=R}|P(z)|\leqslant MR^n$;

(iv) 若当 $|z|\leqslant 1$ 时 $|P(z)|\leqslant M$, 求证当 $|z|\leqslant 1$ 时, $|P'(z)|\leqslant enM$.

33. 设 D 是有界开域, $f\in H(D)$, 而且有 $M>0$, 使 D 中任何收敛于 D 的边界点的数列 $\{z_n\}_{n\geqslant 1}$ 皆有 $\overline{\lim\limits_{n\to\infty}}|f(z_n)|\leqslant M$. 求证对任何 $z\in D$ 有 $|f(z)|\leqslant M$.

34. 设 $f(z)$ 和 $g(z)$ 都是非常数整函数, 满足 $|f(z)|\leqslant|g(z)|$. 若 $g(z)$ 没有零点, 求证 $f(z)$ 也没有零点.

35. 设 $|z_k|=1, k=1,2,\cdots,n$, 求证有 $|a|=1$, 使 $\prod\limits_{k=1}^{n}|a-z_k|>1$.

第 4 章　级　　数

4.1　一些基本概念和结论

设 $f(z)$ 和 $f_n(z)$, $n \geqslant 1$ 都是复数集 D 上的函数.

(i) 称 $\{f_n(z)\}_{n\geqslant 1}$ 在 D 上**收敛**于 $f(z)$, 若对每一 $z \in D$, $\lim\limits_{n\to+\infty} f_n(z) = f(z)$. 此时我们记成 $f_n(z) \to f(z)(z \in D)$.

(ii) 称 $\{f_n(z)\}_{n\geqslant 1}$ 在 D 上**一致收敛**于 $f(z)$, 若对任何 $\varepsilon > 0$, 有 N, 使对一切 $n > N$ 及 $z \in D$, 皆有 $|f_n(z) - f(z)| < \varepsilon$. 此时我们记成 $f_n(z) \to f(z)$ (一致收敛于 D).

(iii) 若 D 是开域, $\{f_n(z)\}_{n\geqslant 1}$ 在 D 的任一紧子集上一致收敛于 $f(z)$, 则称 $\{f_n(z)\}_{n\geqslant 1}$ 在 D 上**紧一致收敛**于 $f(z)$. 此时我们记成 $f_n(z) \to f(z)$(紧一致收敛于 D).

例 1　令 $f_n(z) = z^n$, $D = \{z : |z| < 1\}$. 显然 $z^n \to 0$ $(z \in D)$. 但在 D 上 z^n 并不一致收敛于 0. 这是因为对 $\varepsilon = 0.5$, 对任何 N, 必有 $n_0 > N$ 及 $|z_0| < 1$ 使 $|z_0^{n_0} - 0| = |z_0|^{n_0} \geqslant 0.5$. 不过我们可以证明 $z^n \to 0$ (紧一致于 D). 事实上对 D 中任一紧集 F (一个有界闭集), 必有 $0 < r < 1$, 使 $F \subset \{z : |z| \leqslant r\} \subset \{z : |z| < 1\} = D$. 由于 $r^n \to 0$ $(n \to +\infty)$, 因此对任何 $\varepsilon > 0$, 必有 N, 使对一切 $n > N$ 皆有 $r^n < \varepsilon$. 从而对一切 $n > N$ 及 $z \in F$, 皆有

$$|z^n - 0| = |z|^n \leqslant r^n < \varepsilon.$$

这就证明了 z^n 在 F 上一致收敛于 0. 由紧集 F 的任意性, 我们证明了 z^n 在 D 上紧一致收敛于 0.

定理 4.1.1　设 D 是开域, $\{f_k(z)\}_{k\geqslant 1}$ 在 D 上紧一致收敛于 $f(z)$.

(i) 若 $\{f_k(z)\}_{k\geqslant 1}$ 都在 D 上连续, 则 $f(z)$ 也在 D 上连续.

(ii) 若 $\{f_k(z)\}_{k\geqslant 1}$ 都在 D 上解析, 则 $f(z)$ 也在 D 上解析. 此外对任何 $n \geqslant 1$, $\{f_k^{(n)}(z)\}_{k\geqslant 1}$ 在 D 上紧一致收敛于 $f^{(n)}(z)$.

证明　只证 (ii). 任取 $z \in D$ 及 $V(z,\varepsilon) \subset D$, 再任取 $V(z,\varepsilon)$ 中的闭路径 Γ (D 中的紧集). 由定理条件, $\{f_k(z)\}_{k\geqslant 1}$ 在 Γ 上一致收敛于 $f(z)$. 从而易知 $\lim\limits_{k\to+\infty} \int_\Gamma f_k(z)dz = \int_\Gamma f(z)dz$. 但 $\{f_k(z)\}_{k\geqslant 1}$ 都在 D 上解析, 由 Cauchy 定理, 对

一切 $k\geqslant 1$ 有 $\int_\Gamma f_k(z)dz=0$, 因此同样有 $\int_\Gamma f(z)dz=0$. 再由路径 Γ 在 $V(z,\varepsilon)$ 中的任意性及 Morera 定理, 得知 $f(z)$ 在 $V(z,\varepsilon)$ 中解析. 再由 $z\in D$ 的任意性得知 $f(z)$ 在 D 上解析.

其次为证 $f_k^{(n)}(z)\to f^{(n)}(z)$(紧一致于 D), 由有限覆盖定理, 只需证明对任何 $\overline{V}(a,R)\subset D$, $f_k^{(n)}(z)\to f^{(n)}(z)$ (一致于 $V(a,R)$). 为此取 $\varepsilon>0$ 使 $\overline{V}(a,R+\varepsilon)\subset D$. 此时由导数公式,

$$f_k^{(n)}(z)=\frac{n!}{2\pi i}\int_{|w-a|=R+\varepsilon}\frac{f_k(w)dw}{(w-z)^{n+1}},\quad z\in V(a,R),\quad k=1,2,\cdots,$$

$$f^{(n)}(z)=\frac{n!}{2\pi i}\int_{|w-a|=R+\varepsilon}\frac{f(w)dw}{(w-z)^{n+1}},\quad z\in V(a,R).$$

由于 $\{f_k(z)\}_{k\geqslant 1}$ 在圆周 $\{w:|w-a|=R+\varepsilon\}$ 上一致收敛于 $f(z)$, 故

$$\lambda_k=\max\{|f_k(w)-f(w)|:|w-a|=R+\varepsilon\}\to 0,\quad k\to+\infty. \tag{4.1}$$

这样, 对任何 $z\in V(a,R)$,

$$\begin{aligned}\left|f_k^{(n)}(z)-f^{(n)}(z)\right|&=\left|\frac{n!}{2\pi i}\int_{|w-a|=R+\varepsilon}\frac{f_k(w)-f(w)}{(w-z)^{n+1}}dw\right|\\&\leqslant\frac{n!}{2\pi}\cdot\frac{\lambda_k}{\varepsilon^{n+1}}\cdot 2\pi(R+\varepsilon)=\frac{n!(R+\varepsilon)}{\varepsilon^{n+1}}\lambda_k.\end{aligned}$$

于是由(4.1)得知 $f_k^{(n)}(z)\to f^{(n)}(z)$(一致于 $V(a,R)$). □

现设 $\{a_k(z)\}_{k\geqslant 1}$ 都是复数集 D 上的函数. 对每一 $n\geqslant 1$, 令

$$s_n(z)=\sum_{k=1}^{n}a_k(z),\quad n=1,2,\cdots,$$

则 $s_n(z)$ 统称为无穷级数 $\sum\limits_{k=1}^{\infty}a_k(z)$ 的**部分和**. 若对某 $z\in D$, 极限 $\lim\limits_{n\to+\infty}s_n(z)$ 存在有限, 则称无穷级数 $\sum\limits_{k=1}^{\infty}a_k(z)$ **在点 z 收敛**. D 中使 $\sum\limits_{k=1}^{\infty}a_k(z)$ 收敛的点的全体 E 称为 $\sum\limits_{k=1}^{\infty}a_k(z)$ 的**收敛域**. 此时有 E 上的函数 $S(z)$ 使 $\lim\limits_{n\to+\infty}s_n(z)=S(z)$, 也记

$$S(z)=\sum_{k=1}^{\infty}a_k(z),\quad z\in E.$$

$S(z)$ 就称为无穷级数 $\sum\limits_{k=1}^{\infty} a_k(z)$ 的**和函数**. 若 $s_n(z) \to S(z)$ (一致于 E), 则称无穷级数 $\sum\limits_{k=1}^{\infty} a_k(z)$ 在 E 上**一致收敛于**$S(z)$; 若 E 是开域并且 $s_n(z) \to S(z)$ (紧一致于 E), 则称无穷级数 $\sum\limits_{k=1}^{\infty} a_k(z)$ 在 E 上**紧一致收敛于** $S(z)$.

例 2 设 $a_k(z) = z^k$, $s_n(z) = \sum\limits_{k=0}^{n} z^k = 1 + z + \cdots + z^n = \dfrac{1 - z^{n+1}}{1 - z}$. 于是 $s_n(z) \to \dfrac{1}{1-z}$, 其中 $|z| < 1$. 因此 $\sum\limits_{k=0}^{\infty} z^k = \dfrac{1}{1-z}$, $|z| < 1$. 容易证明该无穷级数在 $|z| < 1$ 上紧一致收敛, 但不一致收敛.

4.2 幂 级 数

形如 $\sum\limits_{m=0}^{\infty} c_m(z-a)^m$ 的无穷项函数级数称为**幂级数**, 其中 a 和 $\{c_m\}_{m\geqslant 0}$ 都是复数.

定理 4.2.1 设 $\sum\limits_{m=0}^{\infty} c_m(z-a)^m$ 是幂级数. 令

$$r = \varlimsup_{m\to+\infty} |c_m|^{\frac{1}{m}}, \quad R = \begin{cases} \dfrac{1}{r}, & 0 < r < \infty, \\ 0, & r = \infty, \\ \infty, & r = 0, \end{cases}$$

则

(i) 对任何 $z \in V(a, R)$, 级数绝对收敛, 从而级数本身收敛;

(ii) 对任何 $z \notin \overline{V}(a, R)$, 级数不收敛 (即发散);

(iii) 级数在 $V(a, R)$ 中紧一致收敛;

(iv) 级数的和函数 $S(z) = \sum\limits_{m=0}^{\infty} c_m(z-a)^m$ 在 $V(a, R)$ 中解析;

(v) 级数在 $V(a, R)$ 中可逐项求导, 即当 $z \in V(a, R)$ 时

$$S^{(n)}(z) = \sum_{m=0}^{\infty} [c_m(z-a)^m]^{(n)} = \sum_{m=n}^{\infty} c_m \cdot m(m-1)\cdots(m-n+1)(z-a)^{m-n}.$$

本定理中的 R 称为幂级数的**收敛半径**.

证明 任取 $0 < \rho < \rho + \varepsilon < R = \dfrac{1}{r}$, 则 $r = \varlimsup\limits_{m\to+\infty} |c_m|^{\frac{1}{m}} < \dfrac{1}{\rho + \varepsilon}$. 因此有 M, 使当 $m > M$ 时 $|c_m|^{\frac{1}{m}} < \dfrac{1}{\rho+\varepsilon}$ 或 $|c_m| < \dfrac{1}{(\rho+\varepsilon)^m}$. 这样当 $|z-a| \leqslant \rho$

时, $|c_m(z-a)^m| \leqslant \left|\dfrac{\rho}{\rho+\varepsilon}\right|^m$. 但 $\sum\left|\dfrac{\rho}{\rho+\varepsilon}\right|^m$ 是一个与 z 无关的收敛正项级数, 从而原幂级数在 $\overline{V}(a,\rho)$ 上一致收敛. 由 ρ 的任意性得知原幂级数在 $V(a,R)$ 中紧一致收敛. 这就证明了 (iii), 同时也证明了 (i). 若 $z \notin \overline{V}(a,R)$, 则 $|z-a| > R$, 或 $r = \overline{\lim\limits_{m\to+\infty}} |c_m|^{\frac{1}{m}} > \dfrac{1}{|z-a|}$. 从而有无穷个 c_m 使 $|c_m|^{\frac{1}{m}} > \dfrac{1}{|z-a|}$, 或 $|c_m(z-a)^m| > 1$. 这就是说幂级数的通项不收敛于 0. 故级数不收敛. 这就证明了 (ii). 再由定理 4.1.1(ii) 得本定理之 (iv) 及 (v). □

例 1 幂级数 $\sum\limits_{k=0}^{\infty} z^k$ 的收敛半径 $R=1$, 和函数为 $\dfrac{1}{1-z}$.

4.3 Taylor 展开、解析函数的零点、唯一性定理

定理 4.3.1 设 $z_0 \in \mathbb{C}$, $0 < R \leqslant +\infty$, $f \in H(V(z_0,R))$. 则对任何 $z \in V(z_0,R)$ 有

$$\begin{aligned} f(z) = f(z_0) &+ \frac{f'(z_0)}{1!}(z-z_0) + \frac{f''(z_0)}{2!}(z-z_0)^2 + \cdots \\ &+ \frac{f^{(n)}(z_0)}{n!}(z-z_0)^n + \cdots . \end{aligned}$$

上式称为 $f(z)$ 在 z_0 点的 **Taylor 展开或幂级数展开**. 因此, 若函数 f 在点 z_0 解析, 则在 z_0 的一个邻域中可以展开成 Taylor 级数.

证明 先设 $z_0 = 0$. 任意固定 $z \in V(0,R)$. 再取 $r > 0$ 使 $|z| < r < R$. 此时由 Cauchy 积分公式,

$$f(z) = \frac{1}{2\pi i}\int_{|w|=r} \frac{f(w)dw}{w-z}.$$

由于 $|w| = r > |z|$, $\left|\dfrac{z}{w}\right| < 1$ 因此

$$\frac{1}{w-z} = \frac{1}{w}\cdot\frac{1}{1-\dfrac{z}{w}} = \frac{1}{w}\sum_{k=0}^{\infty}\left(\frac{z}{w}\right)^k = \sum_{k=0}^{\infty}\frac{1}{w^{k+1}}z^k.$$

上述级数在圆周 $|w| = r$ 上是一致收敛的, 因此 $\sum\limits_{k=0}^{\infty}\dfrac{f(w)}{w^{k+1}}z^k$ 在 $|w| = r$ 上一致收敛于 $\dfrac{f(w)}{w-z}$. 于是由导数公式,

$$f(z) = \frac{1}{2\pi i}\int_{|w|=r}\frac{f(w)dw}{w-z} = \sum_{k=0}^{\infty}\left[\frac{1}{2\pi i}\int_{|w|=r}\frac{f(w)dw}{w^{k+1}}\right]z^k = \sum_{k=0}^{\infty}\frac{f^{(k)}(0)}{k!}z^k.$$

这样当 $z_0=0$ 时我们证明了定理. 对一般的 z_0, 令 $g(z)=f(z_0+z)$. 则 $g\in H(V(0,R))$. 又 $g^{(k)}(0)=f^{(k)}(z_0)$, 从而由已证得

$$f(z_0+z)=g(z)=\sum_{k=0}^{\infty}\frac{g^{(k)}(0)}{k!}z^k=\sum_{k=0}^{\infty}\frac{f^{(k)}(z_0)}{k!}z^k,\quad z\in V(0,R).$$

因此

$$f(z)=\sum_{k=0}^{\infty}\frac{f^{(k)}(z_0)}{k!}(z-z_0)^k,\quad z\in V(z_0,R).$$ □

推论 为使 f 在 z_0 解析, 充要条件是在 z_0 附近 f 可以表示为一个幂级数.

定理 4.3.2(幂级数表示的唯一性) 若函数 f 在点 z_0 附近可以表示为一个幂级数, $f(z)=\sum\limits_{k=0}^{\infty}c_k(z-z_0)^k$, 则该幂级数必是 f 在点 z_0 的 Taylor 级数, 即 $c_k=\dfrac{f^{(k)}(z_0)}{k!}$.

证明 此时在 $f(z)=\sum\limits_{k=0}^{\infty}c_k(z-z_0)^k$ 两边关于 z 求 n 次导数, 则由定理 4.2.1(v) 得知

$$f^{(n)}(z)=\sum_{k=n}^{\infty}c_k\cdot k(k-1)\cdots(k-n+1)(z-z_0)^{k-n}.$$

故 $f^{(n)}(z_0)=c_n\cdot n!$. □

下面是一些初等函数在 $z=0$ 的 Taylor 展开:

$$\frac{1}{1-z}=\sum_{k=0}^{\infty}z^k=1+z+z^2+\cdots+z^k+\cdots,\qquad |z|<1,$$

$$e^z=\sum_{k=0}^{\infty}\frac{z^k}{k!}=1+z+\frac{z^2}{2!}+\cdots+\frac{z^k}{k!}+\cdots,\qquad z\in\mathbb{C},$$

$$\sin z=\sum_{k=0}^{\infty}(-1)^k\frac{z^{2k+1}}{(2k+1)!}=z-\frac{z^3}{3!}+\cdots+(-1)^k\frac{z^{2k+1}}{(2k+1)!}+\cdots,\qquad z\in\mathbb{C},$$

$$\cos z=\sum_{k=0}^{\infty}(-1)^k\frac{z^{2k}}{(2k)!}=1-\frac{z^2}{2!}+\cdots+(-1)^k\frac{z^{2k}}{(2k)!}+\cdots,\qquad z\in\mathbb{C},$$

$$\log(1+z)=\sum_{k=1}^{\infty}(-1)^{k-1}\frac{z^k}{k}=z-\frac{z^2}{2}+\cdots+(-1)^{k-1}\frac{z^k}{k}+\cdots,\qquad |z|<1.$$

若 $f(z_0)=0$, 则 z_0 称为函数 f 的**零点**. 例如, 若函数 f 在开域 D 上恒为 0, 则 D 中的每一点都是 f 的零点, 此时函数 f 在开域 D 中每一点的 Taylor 展开

的所有系数全为 0. 另一方面, 若函数 f 在点 z_0 解析, 在 z_0 附近 f 的 Taylor 展开形如 $f(z)=\sum\limits_{k=m}^{\infty}c_k(z-z_0)^k$, 其中 $m\geqslant 1$ 并且 $c_m\neq 0$, 则很明显 z_0 是函数 f 的零点, 此时称 z_0 为 f 的 m **阶零点**. 例如, 0 是 z^2 的 2 阶零点, 1 是 $(z-1)^3$ 的 3 阶零点, 等等.

定理 4.3.3 设函数 f 在点 z_0 解析, 则为使 z_0 是 f 的 m 阶零点, 充要条件是 f 在 z_0 附近有形状 $f(z)=(z-z_0)^m g(z)$, 其中 $g(z)$ 在 z_0 解析, $g(z_0)\neq 0$.

证明 设 z_0 是 f 的 m 阶零点, 于是 $f(z)=\sum\limits_{k=m}^{\infty}c_k(z-z_0)^k$, 其中 $c_m\neq 0$. 这样在 z_0 附近有 $f(z)=(z-z_0)^m\sum\limits_{k=m}^{\infty}c_k(z-z_0)^{k-m}=(z-z_0)^m g(z)$, 其中 $g(z)=\sum\limits_{k=m}^{\infty}c_k(z-z_0)^{k-m}$ 在 z_0 解析, 而且 $g(z_0)=c_m\neq 0$.

反之设 $f(z)=(z-z_0)^m g(z)$, 其中 m 是正整数, $g(z)$ 在 z_0 解析, $g(z_0)\neq 0$. 于是在 z_0 附近 $g(z)=\sum\limits_{k=0}^{\infty}b_k(z-z_0)^k$, 其中 $b_0=g(z_0)\neq 0$. 因此

$$f(z)=\sum_{k=0}^{\infty}b_k(z-z_0)^{k+m}=b_0(z-z_0)^m+b_1(z-z_0)^{m+1}+\cdots.$$

从而 z_0 是 f 的 m 阶零点. □

注 由定理 4.3.3 得知, 若 z_0 是 f 的 m 阶零点, $m\geqslant 1$, 则在 z_0 附近除 z_0 外, f 没有其他零点, 即 f 的任何一个有限阶零点都是孤立的. 反之, 若 z_0 是 f 的零点集的聚点, 即零点 z_0 不是孤立的, 则 f 在 z_0 的 Taylor 展开式中的所有系数全为 0, 从而 f 在 z_0 的一个邻域中恒为 0. 这个结论导致下面的定理.

定理 4.3.4(解析函数的唯一性定理) 设 f 在开域 D 中解析. 若 f 的零点集有一个属于 D 的聚点, 则 f 在开域 D 中恒为 0.

证明 设

$$D_1=\{z\in D: z\text{ 是 }f\text{ 的零点的聚点}\},\quad D_2=D-D_1.$$

由定理 4.3.3 的注得知 D_1 是开集. 其次, D_2 中的点或者是 f 的孤立的零点, 或者不是 f 的零点, 从而 D_2 也是开集. 这样连通开集 D 是这两个不相交的开集 D_1 和 D_2 的并. 由定理 1.6.1, D_1 和 D_2 中必有一个是空集. 由于 $D_1\neq\varnothing$, 故 $D_2=\varnothing$. 于是 $D_1=D$, 即 D 中所有点都是 f 的零点. □

推论 1 若 $f\in H(D)$, 非常数, 则对任何 $a\in\mathbb{C}$, 集合 $E_a=\{z\in D: f(z)=a\}$ 中的点都是 E_a 的孤立点, 它们称为 f 的 a **点**.

推论 2 设 f 和 g 都在 D 中解析, $E \subset D$, E 在 D 中有聚点. 若 f 和 g 在 E 中相等, 则 f 和 g 在 D 中相等.

例 1 $f(z) = \sin z$ 是非常数的整函数, 它有无穷多个零点 $n\pi, n = 0, \pm 1, \pm 2, \cdots$, 它们没有聚点.

例 2 $f(z) = \sin \dfrac{1}{1-z}$ 在 $|z| < 1$ 中解析, 非常数, 它的零点集是 $\left\{1 - \dfrac{1}{n\pi}\right\}_{n=\pm 1, \pm 2, \cdots}$. 这些零点在 $|z| < 1$ 中没有聚点. 它们的唯一聚点 1 在 $|z| < 1$ 的边界上.

4.4 Laurent 级数

设 $\{a_k\}_{k=0,\pm 1,\pm 2,\cdots}$ 是一列两头无限的复数, 则所谓级数 $\sum\limits_{k=-\infty}^{\infty} a_k$ 收敛于 s, 记为

$$s = \sum_{k=-\infty}^{\infty} a_k,$$

是指级数 $\sum\limits_{k=0}^{\infty} a_k$ 和 $\sum\limits_{k=1}^{\infty} a_{-k}$ 都收敛, 并且 $s = \sum\limits_{k=0}^{\infty} a_k + \sum\limits_{k=1}^{\infty} a_{-k}$.

又设 $\{a_k(z)\}_{k=0,\pm 1,\pm 2,\cdots}$ 是一列复函数, 则所谓函数项级数 $\sum\limits_{k=-\infty}^{\infty} a_k(z)$ 的收敛域, 是指使该级数收敛的那些复数 z 的全体. 若其收敛域记为 D, 则对每一 $z \in D$, 有一个复数 $S(z)$ 与之对应, 使

$$S(z) = \sum_{k=-\infty}^{\infty} a_k(z), \qquad z \in D,$$

$S(z)$ 称为函数项级数 $\sum\limits_{k=-\infty}^{\infty} a_k(z)$ 的**和函数**. 若 $\sum\limits_{k=0}^{\infty} a_k(z)$ 和 $\sum\limits_{k=1}^{\infty} a_{-k}(z)$ 都在 D 上一致收敛, 则称 $\sum\limits_{k=-\infty}^{\infty} a_k(z)$ 在 D 上一致收敛; 若 $\sum\limits_{k=0}^{\infty} a_k(z)$ 和 $\sum\limits_{k=1}^{\infty} a_{-k}(z)$ 都在 D 上紧一致收敛, 则称 $\sum\limits_{k=-\infty}^{\infty} a_k(z)$ 在 D 上紧一致收敛.

特别地, 形如 $\sum\limits_{k=-\infty}^{\infty} c_k (z - z_0)^k$ 的函数项级数称为 **Laurent 级数**, 其中 z_0 和 $\{c_k\}_{k=0,\pm 1,\pm 2,\cdots}$ 都是复数. 幂级数一定有收敛点, 但 Laurent 级数不一定有收敛点, 例如 $\sum\limits_{n=-\infty}^{\infty} z^n$.

引理 4.4.1 设 $0 \leqslant r < R$, $A = \{z : 0 \leqslant r < |z - z_0| < R\}$ 是圆环. 若 $\sum\limits_{k=-\infty}^{\infty} c_k (z - z_0)^k$ 在 A 上收敛, 则它在 A 上绝对而且紧一致收敛.

证明 此时幂级数 $\sum\limits_{k=0}^{\infty} c_k (z - z_0)^k$ 的收敛半径不小于 R, 从而它在 $|z - z_0| < R$ 上绝对而且紧一致收敛. 又 $\sum\limits_{k=1}^{\infty} c_{-k} (z - z_0)^{-k} = \sum\limits_{k=1}^{\infty} c_{-k} \left(\dfrac{1}{z - z_0}\right)^k$ 在 A 上收敛, 亦即对任何满足 $r < |z - z_0| < R$ 或 $\dfrac{1}{R} < \dfrac{1}{|z - z_0|} < \dfrac{1}{r}$ 的 z, 该级数收敛. 从而幂级数 $\sum\limits_{k=1}^{\infty} c_{-k} w^k$ 的收敛半径不小于 $\dfrac{1}{r}$, 因此它在 $|w| < \dfrac{1}{r}$ 上绝对而且紧一致收敛, 由此 $\sum\limits_{k=1}^{\infty} c_{-k} (z - z_0)^{-k}$ 在 $|z - z_0| > r$ 上绝对而且紧一致收敛. 这样 Laurent 级数 $\sum\limits_{k=-\infty}^{\infty} c_k (z - z_0)^k$ 在 A 上绝对而且紧一致收敛. □

定理 4.4.1 设 $0 \leqslant r < R$, $A = \{z : 0 \leqslant r < |z - z_0| < R\}$, $f \in H(A)$, 则

(i) 积分

$$c_k = \frac{1}{2\pi i} \int_{|z - z_0| = \rho} \frac{f(z) dz}{(z - z_0)^{k+1}}, \quad k = 0, \pm 1, \pm 2, \cdots \tag{4.2}$$

仅与整数 k 有关, 而与 $\rho \in (r, R)$ 无关;

(ii) 对任何 $z \in A$,

$$f(z) = \sum_{k=-\infty}^{\infty} c_k (z - z_0)^k. \tag{4.3}$$

证明 固定整数 k. 任取 $r < \rho_1 < \rho_2 < R$. 由多连通域的 Cauchy 定理,

$$\frac{1}{2\pi i} \int_{|z - z_0| = \rho_1} \frac{f(z) dz}{(z - z_0)^{k+1}} = \frac{1}{2\pi i} \int_{|z - z_0| = \rho_2} \frac{f(z) dz}{(z - z_0)^{k+1}}.$$

此为 (i).

为证 (ii), 固定 $z \in A$, 并取 $r < r_1 < |z - z_0| < R_1 < R$.

再取充分小的 $\varepsilon > 0$ 使 $\overline{V}(z, \varepsilon) \subset \{w : r_1 < |w - z_0| < R_1\}$ (图 4.4.1).

由多连通域的 Cauchy 定理,

$$\int_{|w - z_0| = R_1} \frac{f(w) dw}{w - z} = \int_{|w - z_0| = r_1} \frac{f(w) dw}{w - z} + \int_{|w - z| = \varepsilon} \frac{f(w) dw}{w - z}.$$

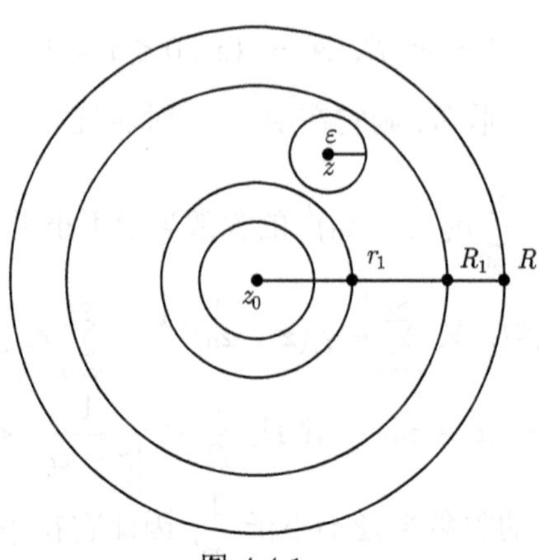

图 4.4.1

但由 Cauchy 公式知 $\displaystyle\int_{|w-z|=\varepsilon}\frac{f(w)dw}{w-z}=2\pi i f(z)$, 从而

$$f(z)=\frac{1}{2\pi i}\int_{|w-z_0|=R_1}\frac{f(w)dw}{w-z}-\frac{1}{2\pi i}\int_{|w-z_0|=r_1}\frac{f(w)dw}{w-z}. \tag{4.4}$$

现在当 $|w-z_0|=R_1\,(>|z-z_0|)$ 时,

$$\begin{aligned}\frac{1}{w-z}&=\frac{1}{w-z_0}\cdot\frac{1}{1-\dfrac{z-z_0}{w-z_0}}=\frac{1}{w-z_0}\sum_{k=0}^{\infty}\left(\frac{z-z_0}{w-z_0}\right)^k\\&=\sum_{k=0}^{\infty}\frac{1}{(w-z_0)^{k+1}}(z-z_0)^k,\end{aligned}$$

上面最后一个级数关于圆周 $|w-z_0|=R_1$ 上的 w 一致收敛. 于是

$$\frac{1}{2\pi i}\int_{|w-z_0|=R_1}\frac{f(w)dw}{w-z}=\sum_{k=0}^{\infty}\frac{1}{2\pi i}\int_{|w-z_0|=R_1}\frac{f(w)dw}{(w-z_0)^{k+1}}\cdot(z-z_0)^k. \tag{4.5}$$

另一方面, 当 $|w-z_0|=r_1\,(<|z-z_0|)$ 时,

$$\begin{aligned}\frac{-1}{w-z}&=\frac{1}{z-z_0}\cdot\frac{1}{1-\dfrac{w-z_0}{z-z_0}}=\frac{1}{z-z_0}\sum_{k=0}^{\infty}\left(\frac{w-z_0}{z-z_0}\right)^k\\&=\sum_{k=-\infty}^{-1}\frac{1}{(w-z_0)^{k+1}}(z-z_0)^k,\end{aligned}$$

上面最后一个级数关于圆周 $|w-z_0|=r_1$ 上的 w 一致收敛. 于是

$$-\frac{1}{2\pi i}\int_{|w-z_0|=r_1}\frac{f(w)dw}{w-z}=\sum_{k=-\infty}^{-1}\frac{1}{2\pi i}\int_{|w-z_0|=r_1}\frac{f(w)dw}{(w-z_0)^{k+1}}\cdot(z-z_0)^k. \quad (4.6)$$

结合本定理 (i) 及 (4.4)—(4.6), 即得 (ii). □

等式 (4.3) 称为 f 在圆环 $A=\{z:0\leqslant r<|z-z_0|<R\}$ 上的 **Laurent 级数展开**.

注 由于幂级数可以在收敛圆内逐项求导 (定理 4.2.1(v)), 因此由引理 4.4.1 和定理 4.4.1 知 Laurent 展开也可以在其收敛域内逐项求导. 亦即对任何正整数 n(见 (4.3)), 当 $0\leqslant r<|z-z_0|<R$ 时,

$$\begin{aligned}f^{(n)}(z)=&\sum_{k=-\infty}^{-1}c_k\cdot k(k-1)\cdots(k-n+1)(z-z_0)^{k-n}\\&+\sum_{k=n}^{\infty}c_k\cdot k(k-1)\cdots(k-n+1)(z-z_0)^{k-n}.\end{aligned}$$

定理 4.4.2 设 $0\leqslant r<R$, $A=\{z:0\leqslant r<|z-z_0|<R\}$, $f\in H(A)$. 若 f 在 A 中能表示为级数 (4.3), 则该级数必定是 f 在 A 中的 Laurent 展开, 即 (4.3) 中的系数 c_k 必由 (4.2) 给出.

证明 若 $\rho\in(r,R)$, 则我们知道

$$\frac{1}{2\pi i}\int_{|z-z_0|=\rho}\frac{dz}{(z-z_0)^k}=\begin{cases}1, & k=1,\\ 0, & k\neq 1.\end{cases}$$

现由引理 4.4.1 知, (4.3) 中的级数在圆周 $|z-z_0|=\rho$ 上一致收敛. 故在 (4.3) 两边乘以 $\dfrac{1}{(z-z_0)^{n+1}}$, 然后关于 z 沿圆周 $|z-z_0|=\rho$ 积分, 即得

$$\frac{1}{2\pi i}\int_{|z-z_0|=\rho}\frac{f(z)dz}{(z-z_0)^{n+1}}=\sum_{k=-\infty}^{\infty}c_k\cdot\frac{1}{2\pi i}\int_{|z-z_0|=\rho}\frac{(z-z_0)^k}{(z-z_0)^{n+1}}dz=c_n. \quad □$$

例 1 设 $f(z)=\dfrac{1}{(z-1)(z-2)}$. 试在下列 4 个圆环中把 $f(z)$ 展开成 Laurent 级数:

(i) $0<|z-2|<1$;

(ii) $0<|z-1|<1$;

(iii) $1 < |z| < 2$;

(iv) $2 < |z| < \infty$.

解　$f(z) = \dfrac{1}{z-2} - \dfrac{1}{z-1}$.

(i)
$$\frac{1}{z-1} = \frac{1}{1+(z-2)} = \sum_{k=0}^{\infty}(-1)^k(z-2)^k,$$

故
$$f(z) = \frac{1}{z-2} + \sum_{k=0}^{\infty}(-1)^{k+1}(z-2)^k, \quad 0 < |z-2| < 1;$$

(ii)
$$\frac{1}{z-2} = \frac{-1}{1-(z-1)} = -\sum_{k=0}^{\infty}(z-1)^k,$$

故
$$f(z) = \frac{-1}{z-1} - \sum_{k=0}^{\infty}(z-1)^k, \quad 0 < |z-1| < 1;$$

(iii) 因为
$$\frac{1}{z-2} = \frac{-1}{2}\cdot\frac{1}{1-\frac{z}{2}} = \frac{-1}{2}\sum_{k=0}^{\infty}\left(\frac{z}{2}\right)^k,$$

$$\frac{1}{z-1} = \frac{1}{z}\cdot\frac{1}{1-\frac{1}{z}} = \frac{1}{z}\sum_{k=0}^{\infty}\left(\frac{1}{z}\right)^k = \sum_{k=0}^{\infty}\left(\frac{1}{z}\right)^{k+1},$$

故
$$f(z) = \frac{-1}{2}\sum_{k=0}^{\infty}\frac{1}{2^k}z^k - \sum_{k=0}^{\infty}\frac{1}{z^{k+1}}, \quad 1 < |z| < 2;$$

(iv)
$$\frac{1}{z-2} = \frac{1}{z}\cdot\frac{1}{1-\frac{2}{z}} = \frac{1}{z}\sum_{k=0}^{\infty}\left(\frac{2}{z}\right)^k,$$

$$\frac{1}{z-1} = \frac{1}{z}\cdot\frac{1}{1-\frac{1}{z}} = \frac{1}{z}\sum_{k=0}^{\infty}\left(\frac{1}{z}\right)^k,$$

因此
$$f(z) = \sum_{k=0}^{\infty}\frac{2^k}{z^{k+1}} - \sum_{k=0}^{\infty}\frac{1}{z^{k+1}} = \sum_{k=0}^{\infty}\frac{2^k-1}{z^{k+1}}, \quad 2 < |z| < \infty.$$

4.5 孤立奇点及其分类

z_0 称为函数 $f(z)$ 的**孤立奇点**, 若有 $R>0$ 使 $f(z)$ 在 $V(z_0,R)-\{z_0\}$ 中解析, 而在点 z_0 不解析 (甚至没有定义). 例如 0 就是 $\dfrac{1}{z}$ 的孤立奇点.

现设 z_0 是 $f(z)$ 的孤立奇点, 于是有 $R>0$ 使 $f(z)$ 在 $V(z_0,R)-\{z_0\}$ 中有 Laurent 展开

$$f(z)=\sum_{k=-\infty}^{\infty} c_k\left(z-z_0\right)^k, \quad z\in V\left(z_0,R\right)-\left\{z_0\right\},$$

它也称为 $f(z)$ 在点 z_0 的 Laurent 展开. 此时有以下三种情形.

情形 1 对一切 $k<0$, $c_k=0$.

此时 z_0 称为函数 $f(z)$ 的**可去奇点**. 之所以“可去”, 是因为在这种情形下, $f(z)$ 的 Laurent 展开是一个幂级数

$$f(z)=\sum_{k=0}^{\infty} c_k\left(z-z_0\right)^k=c_0+c_1\left(z-z_0\right)+\cdots.$$

此时若定义 $f(z_0)=c_0$, 则 z_0 就成为 $f(z)$ 的解析点了!

情形 2 存在正整数 n, 使当 $k>n$ 时 $c_{-k}=0$ 并且 $c_{-n}\neq 0$.

此时 z_0 称为函数 $f(z)$ 的 **(n 阶) 极点**, 并且 $f(z)$ 在点 z_0 的 Laurent 展开有形状

$$\begin{aligned} f(z)&=\sum_{k=-n}^{\infty} c_k\left(z-z_0\right)^k \\ &=\frac{c_{-n}}{\left(z-z_0\right)^n}+\frac{c_{-n+1}}{\left(z-z_0\right)^{n-1}}+\cdots+\frac{c_{-1}}{z-z_0}+c_0+c_1\left(z-z_0\right)+\cdots, \end{aligned}$$

其中 $c_{-n}\neq 0$. 通常称 $Q(z)=\sum\limits_{k=1}^{n}\dfrac{c_{-k}}{\left(z-z_0\right)^k}$ 为函数 $f(z)$ 在点 z_0 的 Laurent 展开的**主要部分**.

情形 3 $\{k:k<0$ 并且 $c_k\neq 0\}$ 是一个无限集.

此时 z_0 称为函数 $f(z)$ 的**本性奇点**.

例 1 显然 0 是 $f(z)=\dfrac{\sin z}{z}$ 的孤立奇点. 由于 $\sin z=\sum\limits_{k=0}^{\infty}(-1)^k\dfrac{z^{2k+1}}{(2k+1)!}$, 故当 $z\neq 0$ 时,

$$f(z)=\frac{\sin z}{z}=\sum_{k=0}^{\infty}(-1)^{k}\frac{z^{2k}}{(2k+1)!}=1-\frac{z^{2}}{3!}+\frac{z^{4}}{5!}-\cdots.$$

这样 0 是 $f(z)=\dfrac{\sin z}{z}$ 的可去奇点. 若定义 $f(0)=1$, 则 $f(z)$ 在点 0 解析.

例 2 对任何正整数 n, 0 是 $\dfrac{1}{z^{n}}$ 的 n 阶极点.

例 3 对任何 $z\neq 0$, 由于 $e^{1/z}=\sum\limits_{k=0}^{\infty}\dfrac{1}{k!z^{k}}$, 故 0 是 $e^{1/z}$ 的本性奇点.

定理 4.5.1 设 z_0 是 $f(z)$ 的孤立奇点. 则为使 z_0 是 $f(z)$ 的可去奇点, 充要条件是 $f(z)$ 在 z_0 附近有界.

证明 设 z_0 是 $f(z)$ 的可去奇点. 于是在 z_0 附近 $f(z)=\sum\limits_{k=0}^{\infty}c_k\left(z-z_0\right)^{k}$. 故 $\lim\limits_{z\to z_0}f(z)=c_0$. 因此 $f(z)$ 在 z_0 附近有界.

反之设 $f(z)$ 在 z_0 附近有界, 并且在 z_0 附近 $f(z)=\sum\limits_{k=-\infty}^{\infty}c_k\left(z-z_0\right)^{k}$, 其中

$$c_k=\frac{1}{2\pi i}\int_{|z-z_0|=\rho}\frac{f(z)dz}{\left(z-z_0\right)^{k+1}},$$

c_k 与 $\rho\in(0,R)$ 无关. 利用 $f(z)$ 在 z_0 附近的有界性, 容易证当 $k<0$ 时,

$$\begin{aligned}c_k&=\lim_{\rho\to 0}\frac{1}{2\pi i}\int_{|z-z_0|=\rho}\frac{f(z)dz}{\left(z-z_0\right)^{k+1}}\\&=\lim_{\rho\to 0}\frac{1}{2\pi i}\int_{|z-z_0|=\rho}f(z)\left(z-z_0\right)^{-k-1}dz=0.\end{aligned}$$

从而 z_0 是 $f(z)$ 的可去奇点. □

定理 4.5.2 设 z_0 是 $f(z)$ 的孤立奇点.

(i) 为使 z_0 是 $f(z)$ 的 n 阶极点, 充要条件是在 z_0 附近 $f(z)=\dfrac{g(z)}{\left(z-z_0\right)^{n}}$, 其中 g 在 z_0 解析并且 $g(z_0)\neq 0$;

(ii) 为使 z_0 是 $f(z)$ 的极点, 充要条件是 $\lim\limits_{z\to z_0}f(z)=\infty$.

证明 (i) 若 z_0 是 $f(z)$ 的 n 阶极点, 则

$$f(z)=\frac{c_{-n}}{\left(z-z_0\right)^{n}}+\cdots+\frac{c_{-1}}{z-z_0}+\sum_{k=0}^{\infty}c_k\left(z-z_0\right)^{k},$$

其中 $c_{-n}\neq 0$. 于是 $f(z)=\dfrac{g(z)}{\left(z-z_0\right)^{n}}$, 其中

$$g(z)=c_{-n}+c_{-n+1}(z-z_0)+\cdots=\sum_{k=0}^{\infty}c_{-n+k}(z-z_0)^k$$

在 z_0 解析并且 $g(z_0)=c_{-n}\neq 0$.

反之若在 z_0 附近 $f(z)=\dfrac{g(z)}{(z-z_0)^n}$, 其中 g 在 z_0 解析并且 $g(z_0)\neq 0$, 于是在 z_0 附近 $g(z)=\sum\limits_{k=0}^{\infty}b_k(z-z_0)^k$, 其中 $b_0=g(z_0)\neq 0$. 于是

$$f(z)=\frac{b_0}{(z-z_0)^n}+\frac{b_1}{(z-z_0)^{n-1}}+\cdots.$$

从而 z_0 是 $f(z)$ 的 n 阶极点.

(ii) 若 z_0 是 $f(z)$ 的 n 阶极点, 则由 (i) 知 $f(z)=\dfrac{g(z)}{(z-z_0)^n}$, 其中 g 在 z_0 解析并且 $g(z_0)\neq 0$. 于是易得 $\lim\limits_{z\to z_0}f(z)=\infty$. 反之设 $\lim\limits_{z\to z_0}f(z)=\infty$, 则有 $R>0$, 使 $f(z)$ 在 $0<|z-z_0|<R$ 时解析且无零点. 定义

$$g(z)=\begin{cases}\dfrac{1}{f(z)}, & 0<|z-z_0|<R,\\ 0, & z=z_0,\end{cases}$$

则 g 在 $V(z_0,R)-\{z_0\}$ 中解析, 在 z_0 连续, 故由引理 3.8.1 知 g 在 z_0 解析而且 $g(z_0)=0$. 又 g 不恒为 0, 故必有 $n>0$ 使 z_0 是 g 的 n 阶零点. 这样 $g(z)=(z-z_0)^nh(z)$, 其中 $h(z)$ 在 z_0 解析, $h(z_0)\neq 0$. 于是 $f(z)=\dfrac{1/h(z)}{(z-z_0)^n}$, 其中 $\dfrac{1}{h(z)}$ 在 z_0 解析, $\dfrac{1}{h(z_0)}\neq 0$. 故由 (i) 知 z_0 是 $f(z)$ 的 (n 阶) 极点. □

定理 4.5.3(Weierstrass) 设 z_0 是 $f(z)$ 的孤立奇点. 则为使 z_0 是 $f(z)$ 的本性奇点, 充要条件是对任何 $w\in\mathbb{C}_\infty$, 存在点列 $\{z_n\}_{n\geqslant 1}$, 使 $z_n\neq z_0$, $z_n\to z_0$, 并且 $\lim\limits_{n\to\infty}f(z_n)=w$.

证明 由定理 4.5.1 和定理 4.5.2, 我们只需证明必要性. 先设 $w\in\mathbb{C}$. 若定理中的结论不成立, 则就有 $\varepsilon>0$ 及 $\delta>0$, 使对任何 $z\in V(z_0,\delta)-\{z_0\}$ 有 $|f(z)-w|\geqslant\varepsilon$. 于是在 $V(z_0,\delta)-\{z_0\}$ 中 $\dfrac{1}{f(z)-w}$ 解析且有界. 由定理 4.5.1, z_0 是 $\dfrac{1}{f(z)-w}$ 的可去奇点. 因此

$$\frac{1}{f(z)-w}=\sum_{k=0}^{\infty}c_k(z-z_0)^k,\qquad z\in V(z_0,\delta)-\{z_0\}.$$

现若 z_0 是幂级数 $g(z)=\sum\limits_{k=0}^{\infty}c_k(z-z_0)^k$ 的 m 阶零点, 则 $g(z)=(z-z_0)^m h(z)$, 其中 $h(z)$ 在 z_0 解析, $h(z_0)\neq 0$. 因此

$$f(z)=\frac{1}{g(z)}+w=\frac{1}{(z-z_0)^m h(z)}+w.$$

这样 z_0 或者是 f 的可去奇点 $(m=0)$, 或者是 f 的 m 阶极点 $(m\geqslant 1)$. 此为矛盾.

其次设 $w=\infty$. 若定理中的结论不成立, 则说明 f 在 z_0 附近有界, 从而 z_0 是 f 的可去奇点. 同样得矛盾. □

下面再简单介绍一下 ∞ 是孤立奇点的情形.

若有 $R>0$, 使当 $|z|>R$ 时 f 解析, 则 ∞ 称为 f 的孤立奇点. 此时 0 是 $f\left(\dfrac{1}{z}\right)$ 的孤立奇点. 于是按照 0 是 $f\left(\dfrac{1}{z}\right)$ 的可去奇点、n 阶极点、本性奇点, 而分别称 ∞ 是 f 的可去奇点、n 阶极点、本性奇点.

情形 1　∞ 是 f 的可去奇点.

此时 0 是 $f\left(\dfrac{1}{z}\right)$ 的可去奇点, 于是 $f\left(\dfrac{1}{z}\right)=\sum\limits_{k=0}^{\infty}c_k z^k$, 从而

$$f(z)=\sum_{k=0}^{\infty}\frac{c_k}{z^k},\quad |z|>R.$$

此时也称 f 在 ∞ 处解析. 为使 ∞ 是 f 的可去奇点, 充要条件是有 $R>0$, 使当 $|z|>R$ 时 f 有界. 例如 $\dfrac{1}{z}$ 在 ∞ 处解析.

情形 2　∞ 是 f 的 n 阶极点.

此时 0 是 $f\left(\dfrac{1}{z}\right)$ 的 n 阶极点. 于是 $f\left(\dfrac{1}{z}\right)=\sum\limits_{k=-n}^{\infty}c_k z^k$. 从而

$$f(z)=\sum_{k=-n}^{\infty}\frac{c_k}{z^k}=c_{-n}z^n+c_{-n+1}z^{n-1}+\cdots+c_0+\sum_{k=1}^{\infty}\frac{c_k}{z^k},\quad c_{-n}\neq 0,\quad |z|>R.$$

为使 ∞ 是 f 的极点, 充要条件是 $\lim\limits_{z\to\infty}f(z)=\infty$. 此外为使 ∞ 是 f 的 n 阶极点, 充要条件是 $f(z)=z^n g(z)$, 其中 ∞ 是 g 的孤立奇点并且 $\lim\limits_{z\to\infty}g(z)=A\neq 0$. 例如 ∞ 是 z^n 的 n 阶极点, 其中 n 是正整数.

情形 3　∞ 是 f 的本性奇点.

此时 0 是 $f\left(\frac{1}{z}\right)$ 的本性奇点. 于是 $f\left(\frac{1}{z}\right)=\sum\limits_{k=-\infty}^{\infty}c_kz^k$, 其中 $\{k:k<0$ 并且 $c_k\neq 0\}$ 是一个无限集. 从而

$$f(z)=\sum_{k=-\infty}^{\infty}b_kz^k,$$

其中 $\{k:k>0$ 并且 $b_k\neq 0\}$ 是无限集. 为使 ∞ 是 f 的本性奇点, 充要条件是对任何 $w\in\mathbb{C}_\infty$, 存在点列 $\{z_n\}_{n\geqslant 1}$, 使当 $n\to+\infty$ 时 $z_n\to\infty$ 并且 $f(z_n)\to w$.

例如 ∞ 是 $e^z=\sum\limits_{k=0}^{\infty}\frac{z^k}{k!}$ 的本性奇点. 一般地, 若 f 是整函数, 但不是多项式, 则 ∞ 是 f 的本性奇点, 此时 f 称为**超越整函数**.

4.6 留　数

设 z_0 是 $f(z)$ 的孤立奇点, 于是 $f(z)$ 在 $V(z_0,R)-\{z_0\}$ 中有 Laurent 展开

$$f(z)=\sum_{k=-\infty}^{\infty}c_k\left(z-z_0\right)^k,\quad z\in V\left(z_0,R\right)-\left\{z_0\right\}.$$

此时

$$c_{-1}=\frac{1}{2\pi i}\int_\Gamma f(z)dz$$

称为 f 在 z_0 点的**留数**, 记为 $\operatorname{Res}(f,z_0)$, 上述 Γ 可以是位于 $V(z_0,R)$ 中任何一条内部包含 z_0 的正向简单闭路径. 特别 Γ 可取圆周 $|z-z_0|=\rho$, 其中 ρ 可以是区间 $(0,R)$ 中任一数.

例 1　$f(z)=\frac{1}{z}$ 在 $z=0$ 的 Laurent 展开即为 $\frac{1}{z}$, 故 $\operatorname{Res}(f,0)=1$. 因此对任何以 0 为内部点的正向简单闭路径 Γ, 我们有

$$\int_\Gamma\frac{1}{z}dz=2\pi ic_{-1}=2\pi i\operatorname{Res}\left(\frac{1}{z},0\right)=2\pi i.$$

例 2　$f(z)=\frac{e^z}{(z-1)^2}$ 在 $z=1$ 的 Laurent 展开为

$$f(z)=\frac{e}{(z-1)^2}\cdot e^{z-1}=\frac{e}{(z-1)^2}\sum_{k=0}^{\infty}\frac{(z-1)^k}{k!}.$$

从而 $\operatorname{Res}(f,1)=e$. 因此对任何以 1 为内部点的正向简单闭路径 Γ, 我们有

$$\int_\Gamma\frac{e^z}{(z-1)^2}dz=2\pi ic_{-1}=2\pi i\operatorname{Res}\left(\frac{e^z}{(z-1)^2},1\right)=2\pi ei.$$

例 3 $f(z)=e^{1/z^2}$ 在 $z=0$ 的 Laurent 展开为 $f(z)=\sum\limits_{k=0}^{\infty}\dfrac{1}{k!z^{2k}}$. 从而 $\operatorname{Res}(f,0)=0$. 因此对任何以 0 为内部点的正向简单闭路径 Γ, 我们有

$$\int_\Gamma e^{1/z^2}dz=2\pi ic_{-1}=2\pi i\operatorname{Res}\left(e^{1/z^2},0\right)=0.$$

定理 4.6.1(留数定理) 设 Γ 是一条正向简单闭路径, 内部是 D, $\{z_k\}_{1\leqslant k\leqslant n}$ 是 D 中有限个点. 今若 f 在 $\overline{D}-\{z_k\}_{1\leqslant k\leqslant n}$ 上解析, 则

$$\frac{1}{2\pi i}\int_\Gamma f(z)dz=\sum_{k=1}^{n}\operatorname{Res}(f,z_k).$$

证明 此时有 $\varepsilon>0$, 使对每一 k, $1\leqslant k\leqslant n$, $\overline{V}(z_k,\varepsilon)\subset D$ 并且 $\left\{\overline{V}(z_k,\varepsilon)\right\}_{1\leqslant k\leqslant n}$ 两两不相交. 于是由多连通域的 Cauchy 定理,

$$\frac{1}{2\pi i}\int_\Gamma f(z)dz=\sum_{k=1}^{n}\frac{1}{2\pi i}\int_{|z-z_k|=\varepsilon}f(z)dz=\sum_{k=1}^{n}\operatorname{Res}(f,z_k).\qquad\square$$

定理 4.6.2(极点处留数的计算方法) 设 a 是 f 的 n 阶极点, $n\geqslant 1$. 并设在 a 附近我们有 $f(z)=\dfrac{g(z)}{(z-a)^n}$, 其中 $g(z)$ 在 a 解析且 $g(a)\neq 0$. 则

$$\operatorname{Res}(f,a)=\frac{g^{(n-1)}(a)}{(n-1)!}.$$

证明 此时在 a 附近 $g(z)=\sum\limits_{k=0}^{\infty}c_k(z-a)^k$. 因此 $\operatorname{Res}(f,a)=c_{n-1}=\dfrac{g^{(n-1)}(a)}{(n-1)!}$. $\square$

注 特别地, 若 a 是 f 的 1 阶极点, $f(z)=\dfrac{g(z)}{z-a}$, 则 $\operatorname{Res}(f,a)=g(a)$.

推论 设 f 和 g 都在 a 点解析, $f(a)\neq 0, a$ 是 g 的 1 阶零点, 则

$$\operatorname{Res}\left(\frac{f}{g},a\right)=\frac{f(a)}{g'(a)}.$$

证明 此时在 a 附近 $g(z)=(z-a)h(z)$, 其中 h 在 a 解析, 而且

$$g'(z)=h(z)+(z-a)h'(z).$$

从而 $g'(a)=h(a)$, 于是由定理 4.6.2 知

$$\mathrm{Res}\left(\frac{f}{g},a\right)=\left.\frac{f(z)}{h(z)}\right|_{z=a}=\frac{f(a)}{g'(a)}. \qquad \square$$

例 4 求 $f(z)=\dfrac{1}{z^2(z-1)(z-2)}$ 在其孤立奇点处的留数及积分 $I=\displaystyle\int_{|z|=3}f(z)dz$.

解 $f(z)$ 有 3 个孤立奇点 0, 1 和 2, 它们都是极点. 由定理 4.6.2 得知

$$\mathrm{Res}(f,0)=\left.\left[\frac{1}{(z-1)(z-2)}\right]'\right|_{z=0}=\left.\left[\frac{1}{(z-1)^2}-\frac{1}{(z-2)^2}\right]\right|_{z=0}=\frac{3}{4},$$

$$\mathrm{Res}(f,1)=\left.\left[\frac{1}{z^2(z-2)}\right]\right|_{z=1}=-1,$$

$$\mathrm{Res}(f,2)=\left.\left[\frac{1}{z^2(z-1)}\right]\right|_{z=2}=\frac{1}{4},$$

再由留数定理得

$$\int_{|z|=3}\frac{1}{z^2(z-1)(z-2)}dz=2\pi i[\mathrm{Res}(f,0)+\mathrm{Res}(f,1)+\mathrm{Res}(f,2)]=0.$$

例 5 求 $f(z)=\dfrac{\sin z}{z^4}$ 在其孤立奇点处的留数及积分 $I=\displaystyle\int_{|z|=3}f(z)dz$.

解 显然 0 是 $f(z)$ 的唯一孤立奇点. 此时由于在 0 附近有

$$f(z)=\frac{\sin z}{z^4}=\frac{1}{z^4}\sum_{k=0}^{\infty}(-1)^k\frac{z^{2k+1}}{(2k+1)!}=\sum_{k=0}^{\infty}(-1)^k\frac{z^{2k-3}}{(2k+1)!},$$

从而 $\mathrm{Res}(f,0)=(-1)^1\dfrac{1}{(2+1)!}=\dfrac{-1}{6}$ 并且 $\displaystyle\int_{|z|=3}\frac{\sin z}{z^4}dz=\frac{-\pi i}{3}$.

4.7 应用于积分计算

例 1 求 $I=\displaystyle\int_{-\infty}^{\infty}\frac{x^2}{x^4+1}dx$.

解 令 $f(z)=\dfrac{z^2}{z^4+1}$. 则 f 的孤立奇点也就是 $z^4+1=0$ 的解, 即 $z_k=e^{i\left(\frac{\pi}{4}+\frac{k\pi}{2}\right)}$, $k=0,1,2,3$, 其中只有 $z_0=e^{i\frac{\pi}{4}}$ 和 $z_1=e^{i\frac{3\pi}{4}}$ 在上半平面 (图 4.7.1).

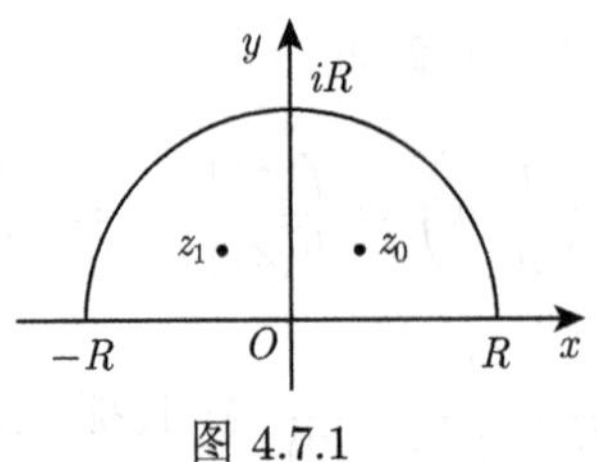

图 4.7.1

现令 Γ_R 是半径为 R 的上半圆构成的正向简单闭路径, 其中 $R>1$. 于是由留数定理,

$$\int_{\Gamma_R} f(z)dz = 2\pi i\left[\operatorname{Res}(f,z_0)+\operatorname{Res}(f,z_1)\right].$$

由于 z_0 和 z_1 都是 x^4+1 的 1 阶零点, 从而由定理 4.6.2 推论知,

$$\operatorname{Res}(f,z_0)=\left.\frac{z^2}{(z^4+1)'}\right|_{z=z_0}=\frac{1}{4z_0}=\frac{1}{4}e^{-i\pi/4},$$

$$\operatorname{Res}(f,z_1)=\left.\frac{z^2}{(z^4+1)'}\right|_{z=z_1}=\frac{1}{4z_1}=\frac{1}{4}e^{-i3\pi/4}.$$

因此对任何 $R>1$ 有 $\int_{\Gamma_R} f(z)dz=\frac{\sqrt{2}\pi}{2}$. 另一方面

$$\frac{\sqrt{2}\pi}{2}=\int_{\Gamma_R} f(z)dz=\int_{-R}^{R}\frac{x^2}{x^4+1}dx+\int_0^{\pi}\frac{R^2e^{i2t}\cdot Rie^{it}}{R^4e^{i4t}+1}dt.$$

很明显上式右方第 2 个积分当 $R\to\infty$ 时趋于 0. 故在上式两边令 $R\to\infty$, 得

$$\int_{-\infty}^{\infty}\frac{x^2}{x^4+1}dx=\frac{\sqrt{2}\pi}{2}.$$

例 2　求 $I=\int_{-\infty}^{\infty}\frac{\cos x}{x^2+1}dx$.

解　令 $f(z)=\frac{e^{iz}}{z^2+1}$. 则 $f(z)$ 有两个孤立奇点 i 和 $-i$, 其中只有 i 在上半平面. 现在令 Γ_R 是半径为 R 的上半圆构成的正向简单闭路径 (图 4.7.2), 其中 $R>1$. 于是由留数定理,

$$\int_{\Gamma_R} f(z)dz=2\pi i\operatorname{Res}(f,i)=2\pi i\cdot\left.\frac{e^{iz}}{z+i}\right|_{z=i}=\frac{\pi}{e}.$$

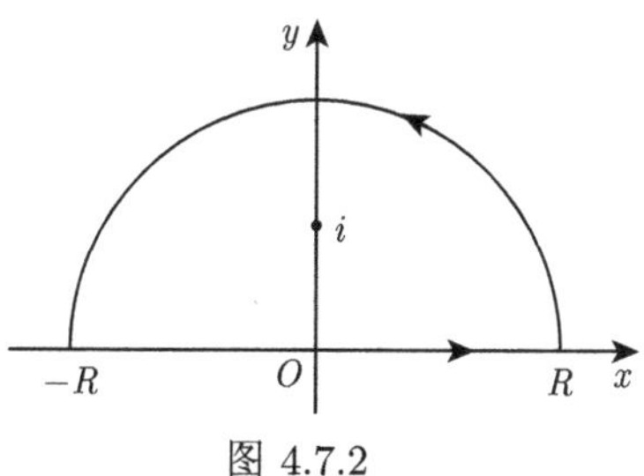

图 4.7.2

又

$$\frac{\pi}{e}=\int_{\Gamma_R}f(z)dz=\int_{-R}^{R}\frac{e^{ix}}{x^2+1}dx+\int_0^{\pi}\frac{e^{iR(\cos t+i\sin t)}\cdot Rie^{it}}{R^2e^{i2t}+1}dt.$$

容易得知上式右方第 2 个积分当 $R\to\infty$ 时趋于 0. 故在上式两边令 $R\to\infty$, 得

$$\frac{\pi}{e}=\int_{-\infty}^{\infty}\frac{e^{ix}}{x^2+1}dx=\int_{-\infty}^{\infty}\frac{\cos x}{x^2+1}dx+i\int_{-\infty}^{\infty}\frac{\sin x}{x^2+1}dx,$$

由此

$$\int_{-\infty}^{\infty}\frac{\cos x}{x^2+1}dx=\frac{\pi}{e}.$$

例 3 求 $I=\displaystyle\int_0^{\pi}\frac{dt}{a+\cos t}$, $a>1$.

解 令 $z=e^{it}$, 则 $\bar{z}=e^{-it}=\dfrac{1}{z}$. 于是 $\cos t=\dfrac{1}{2}\left(e^{it}+e^{-it}\right)=\dfrac{1}{2}\left(z+\dfrac{1}{z}\right)$.

这样,

$$\begin{aligned}\int_0^{\pi}\frac{dt}{a+\cos t}&=\frac{1}{2}\int_{-\pi}^{\pi}\frac{dt}{a+\cos t}\\&=\frac{1}{2}\int_{|z|=1}\frac{dz}{iz\left[a+\frac{1}{2}\left(z+\frac{1}{z}\right)\right]}\\&=-i\int_{|z|=1}\frac{dz}{z^2+2az+1}.\end{aligned}$$

又 $z^2+2az+1=0$ 有 2 个解

$$z_1=-a+\sqrt{a^2-1}\quad 及\quad z_2=-a-\sqrt{a^2-1},$$

其中 $|z_1|<1,|z_2|>1$. 因此 $f(z)=\dfrac{1}{z^2+2az+1}$ 在圆周 $|z|=1$ 上及其内有唯一孤立奇点 z_1 (图 4.7.3).

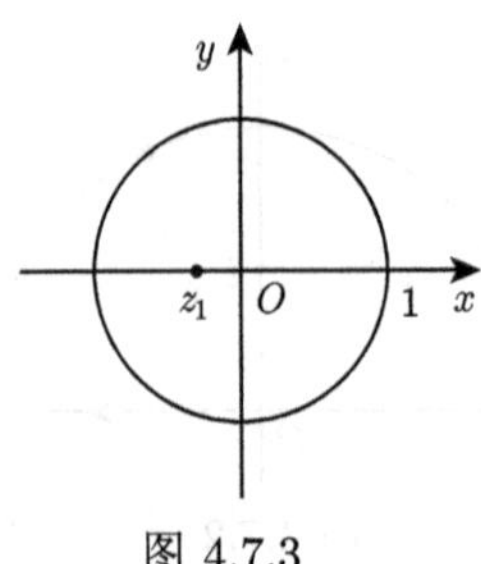

图 4.7.3

由留数定理,

$$\int_{|z|=1} \frac{dz}{z^2+2az+1} = 2\pi i \operatorname{Res}(f, z_1) = 2\pi i \cdot \left.\frac{1}{z-z_2}\right|_{z=z_1} = \frac{\pi i}{\sqrt{a^2-1}}.$$

于是

$$\int_0^{\pi} \frac{dt}{a+\cos t} = \frac{\pi}{\sqrt{a^2-1}}.$$

例 4 求 $I = \int_0^{\infty} \frac{\ln^2 x}{x^2+1} dx$.

解 令 $f(z) = \frac{\log^2 z}{z^2+1}$, 其中 $-\frac{\pi}{2} < \arg z \leqslant \frac{3\pi}{2}$. 此时取正数 r 和 R 使 $0<r<1<R$, 并令 Γ 是由以原点 O 为圆心, 半径为 r 和 R 的 2 个上半圆周构成的正向简单闭路径 (图 4.7.4).

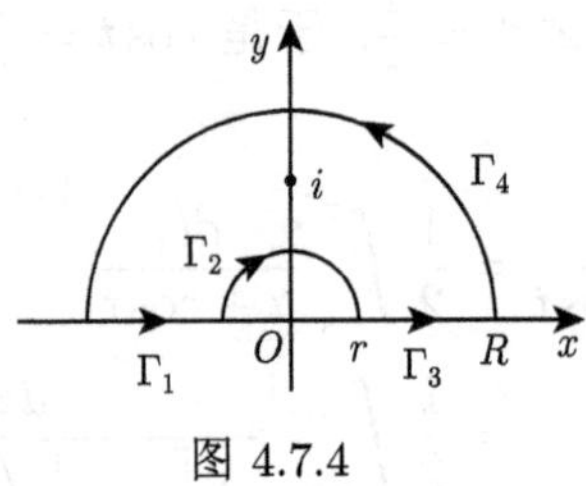

图 4.7.4

此时 $f(z)$ 在 Γ 上及其内的唯一孤立奇点是 i. 由留数定理,

$$\int_{\Gamma} f(z)dz = 2\pi i \operatorname{Res}(f, i) = 2\pi i \left.\frac{\log^2 z}{z+i}\right|_{z=i} = 2\pi i \frac{\left(i\frac{\pi}{2}\right)^2}{2i} = -\frac{\pi^3}{4}.$$

另一方面, $\int_{\Gamma} f(z)dz = I_1+I_2+I_3+I_4$, 其中

$$I_1 = \int_{-R}^{-r} \frac{\log^2 z}{z^2+1} dz = \int_{-R}^{-r} \frac{[\ln|x|+i\pi]^2}{x^2+1} dx$$

$$= \int_r^R \frac{\ln^2 x}{x^2+1}dx - \pi^2 \int_r^R \frac{dx}{x^2+1} + 2\pi i \int_r^R \frac{\ln x}{x^2+1}dx,$$

$$I_2 = -\int_0^\pi \frac{\log^2\left(re^{i\theta}\right)}{r^2e^{i2\theta}+1} \cdot rie^{i\theta}d\theta \xrightarrow{r\to 0} 0,$$

$$I_3 = \int_r^R \frac{\ln^2 x}{x^2+1}dx,$$

$$I_4 = \int_0^\pi \frac{\log^2\left(Re^{i\theta}\right)}{R^2e^{i2\theta}+1} \cdot Rie^{i\theta}d\theta \xrightarrow{R\to\infty} 0.$$

从而当 $r \to 0, R \to \infty$ 时,

$$-\frac{\pi^3}{4} = 2\int_0^\infty \frac{\ln^2 x}{x^2+1}dx - \pi^2 \int_0^\infty \frac{dx}{x^2+1} + 2\pi i \int_0^\infty \frac{\ln x}{x^2+1}dx$$

$$= 2\int_0^\infty \frac{\ln^2 x}{x^2+1}dx - \frac{\pi^3}{2} + 2\pi i \int_0^\infty \frac{\ln x}{x^2+1}dx.$$

由此得

$$I = \int_0^\infty \frac{\ln^2 x}{x^2+1}dx = \frac{\pi^3}{8} \quad \left(\text{同时有} \int_0^\infty \frac{\ln x}{x^2+1}dx = 0\right).$$

例 5 求 $I = \int_0^\infty \frac{x^{-\alpha}}{x+1}dx,\ 0 < \alpha < 1.$

解 任取三个正数 ε, r, R, 然后取图 4.7.5 那样的简单闭路径 Γ, 它依赖于上述三个正数. 再令

$$f(z) = \frac{z^{-\alpha}}{1+z}, \quad 0 < \arg z < 2\pi.$$

则只要 R 充分大, ε 和 r 充分小, -1 就是 f 在 Γ 内部唯一的奇点 (一阶极点).

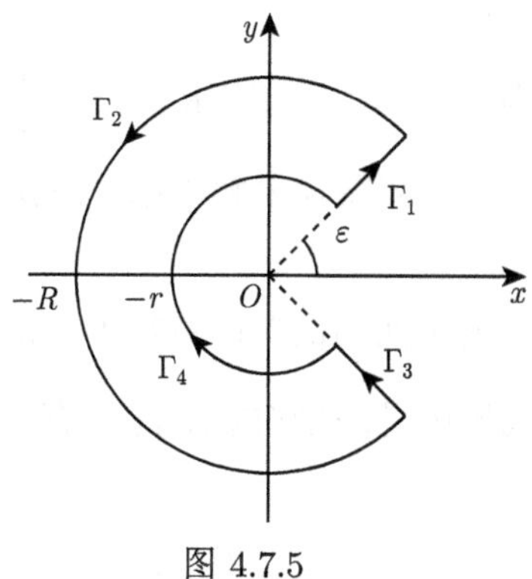

图 4.7.5

从而

$$2\pi i e^{-\pi i\alpha} = 2\pi i \operatorname{Res}(f,-1) = \int_{\Gamma} f(z)dz = \sum_{k=1}^{4} \int_{\Gamma_k} f(z)dz,$$

其中

$$\begin{aligned}
\int_{\Gamma_1} f(z)dz &= \int_r^R f\left(xe^{i\varepsilon}\right) d\left(xe^{i\varepsilon}\right) \\
&= \int_r^R \frac{x^{-\alpha}e^{-\alpha i\varepsilon}}{1+xe^{i\varepsilon}} e^{i\varepsilon} dx \xrightarrow[r\to 0, R\to\infty]{\varepsilon\to 0} \int_0^{\infty} \frac{x^{-\alpha}}{1+x} dx, \\
\int_{\Gamma_2} f(z)dz &= \int_{\varepsilon}^{2\pi-\varepsilon} f\left(Re^{it}\right) d\left(Re^{it}\right) = \int_{\varepsilon}^{2\pi-\varepsilon} \frac{R^{-\alpha}e^{-\alpha it}}{1+Re^{it}} Rie^{it} dt \xrightarrow[\varepsilon\to 0]{R\to\infty} 0, \\
\int_{\Gamma_3} f(z)dz &= \int_R^r f\left(xe^{i(2\pi-\varepsilon)}\right) d\left(xe^{i(2\pi-\varepsilon)}\right) \\
&= -\int_r^R \frac{x^{-\alpha}e^{-\alpha i(2\pi-\varepsilon)}}{1+xe^{i(2\pi-\varepsilon)}} e^{i(2\pi-\varepsilon)} dx \xrightarrow[r\to 0, R\to\infty]{\varepsilon\to 0} -e^{-2\pi\alpha i} \int_0^{\infty} \frac{x^{-\alpha}}{1+x} dx, \\
\int_{\Gamma_4} f(z)dz &= \int_{2\pi-\varepsilon}^{\varepsilon} f\left(re^{it}\right) d\left(re^{it}\right) = -\int_{\varepsilon}^{2\pi-\varepsilon} \frac{r^{-\alpha}e^{-\alpha it}}{1+re^{it}} rie^{it} dt \xrightarrow[\varepsilon\to 0]{r\to 0} 0.
\end{aligned}$$

由此得到

$$2\pi i e^{-\pi\alpha i} = \left(1-e^{-2\pi\alpha i}\right) \int_0^{\infty} \frac{x^{-\alpha}}{1+x} dx, \quad \int_0^{\infty} \frac{x^{-\alpha}}{1+x} dx = \frac{\pi}{\sin \pi\alpha}.$$

例 6 求 $I = \int_0^{\infty} \frac{dx}{1+x^6}$.

解 由于被积函数为偶函数, 所以只需求 $\int_{-\infty}^{\infty} \frac{dx}{1+x^6}$. 此时完全可以像例 1 那样研究图 4.7.1 中的正向简单闭路径来解本题. 但我们现在换一种更一般性的方法来计算本例中的积分.

令 $f(z) = \frac{1}{1+z^6}$, 并研究下面的简单闭路径 Γ (图 4.7.6).

取这样的简单闭路径的原因是, 在它内部 $f(z)$ 有且只有一个极点 $e^{\pi i/6}$, 所以留数容易计算. 为此令

$$f(z) = \frac{g(z)}{z-e^{\pi i/6}},$$

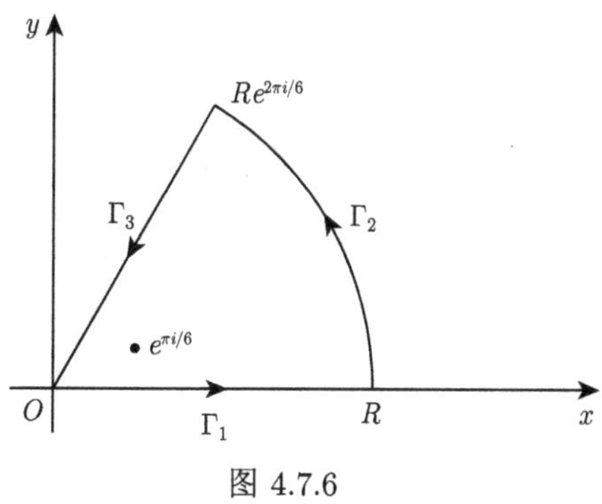

图 4.7.6

其中

$$g(z)=\frac{z-e^{\pi i/6}}{1+z^6}.$$

$g(z)$ 在 $e^{\pi i/6}$ 解析, 而且

$$g(e^{\pi i/6})=\lim_{z\to e^{\pi i/6}}\frac{z-e^{\pi i/6}}{1+z^6}=\frac{1}{(1+z^6)'|_{z=e^{\pi i/6}}}.$$

从而

$$\mathrm{Res}(f,e^{\pi i/6})=g(e^{\pi i/6})=\frac{1}{-6e^{-\pi i/6}}=-\frac{1}{6}e^{\pi i/6},$$

$$-\frac{1}{6}e^{\pi i/6}=\frac{1}{2\pi i}\int_{\Gamma}f(z)dz=\frac{1}{2\pi i}\left(\int_{\Gamma_1}+\int_{\Gamma_2}+\int_{\Gamma_3}\right),$$

其中

$$\int_{\Gamma_1}=\int_0^R\frac{dx}{1+x^6},$$

$$\int_{\Gamma_2}=\int_0^{2\pi/6}\frac{Rie^{i\theta}}{1+R^6e^{i6\theta}}d\theta\xrightarrow{R\to\infty}0,$$

$$\int_{\Gamma_3}=-\int_0^R\frac{e^{2\pi i/6}dt}{1+(te^{2\pi i/6})^6}=-e^{2\pi i/6}\int_0^R\frac{dt}{1+t^6}.$$

于是

$$-\frac{1}{6}e^{\pi i/6}=\frac{1}{2\pi i}(1-e^{2\pi i/6})\int_0^{\infty}\frac{dx}{1+x^6}.$$

故本例中所求 $I=\dfrac{\frac{\pi}{6}}{\sin\frac{\pi}{6}}=\dfrac{\pi}{3}$.

注　本例中把 x^6 替换成任何一个 x^n, 其中 $n \geqslant 3$, 都可以用上面的方法来解.

4.8　零点和极点的个数

定理 4.8.1　设 Γ 是一条正向简单闭路径, 内部是 D. 函数 $w = f(z)$ 除了可能在 D 中有有限个极点外, 在 $\overline{D}$ 其他处皆解析并且在 Γ 上无零点, 则

$$\frac{1}{2\pi i}\int_\Gamma \frac{f'(z)}{f(z)}dz = N - P,$$

其中 N 和 P 分别是 $f(z)$ 在 D 中的零点和极点的个数 (一个 n 阶零点算作 n 个零点, 对极点也一样).

证明　由于 f 在 Γ 上无零点, 因此 f 在 D 中只有有限个零点. 设 $a \in D$ 是 $f(z)$ 的 n 阶零点. 于是在 a 附近 $f(z) = (z-a)^n g(z)$, 其中 g 在 a 解析并且 $g(a) \neq 0$. 这样在 a 附近有

$$\frac{f'(z)}{f(z)} = \frac{n(z-a)^{n-1}g(z) + (z-a)^n g'(z)}{(z-a)^n g(z)} = \frac{n}{z-a} + \frac{g'(z)}{g(z)}.$$

因此 $\dfrac{f'(z)}{f(z)}$ 在 a 的留数为 n, 恰是 f 在零点 a 的阶数! 从而 $\dfrac{f'(z)}{f(z)}$ 在所有 $f(z)$ 的零点处的留数之和为 N.

其次设 $b \in D$ 是 $f(z)$ 的 p 阶极点. 于是在 b 附近 $f(z) = \dfrac{h(z)}{(z-b)^p}$, 其中 h 在 b 解析并且 $h(b) \neq 0$. 这样在 b 附近有

$$\frac{f'(z)}{f(z)} = \frac{(z-b)^p}{h(z)} \cdot \frac{h'(z)(z-b)^p - ph(z)(z-b)^{p-1}}{(z-b)^{2p}} = \frac{-p}{z-b} + \frac{h'(z)}{h(z)}.$$

因此 $\dfrac{f'(z)}{f(z)}$ 在 b 的留数为 $-p$, 其中 p 恰是 f 在其极点 p 的阶数! 从而 $\dfrac{f'(z)}{f(z)}$ 在所有 $f(z)$ 的极点处的留数之和为 $-P$. 再由留数定理得本定理. □

定理 4.8.2(Rouché)　设 Γ 是一条正向简单闭路径, 内部是 D. 函数 $f(z)$ 和 $g(z)$ 都在 $\overline{D}$ 上解析. 若对每一 $z \in \Gamma$ 有 $|g(z)| < |f(z)|$, 则 $f(z)$ 和 $f(z) + g(z)$ 在 D 中有相同个数的零点.

证明　由于在 Γ 上 $|g(z)| < |f(z)|$, 故在 Γ 上 $f(z) + g(z) \neq 0$. 于是由定理 4.8.1,

$$\frac{1}{2\pi i}\int_\Gamma \frac{f'(z) + g'(z)}{f(z) + g(z)}dz = f + g \text{ 在 } D \text{ 中零点的个数}.$$

现令

$$h(z) = \frac{g(z)}{f(z)}.$$

则由定理条件及解析函数定义 (见 2.5 节一开始的注) 知 $h(z)$ 在一个包含 Γ 的开集 D' 上解析, 并且有 $0 < a < 1$ 使对一切 $z \in D'$ 有 $|h(z)| \leqslant a < 1$. 此时 $g(z) = f(z)h(z)$, $g'(z) = f'(z)h(z) + f(z)h'(z)$, 故

$$\begin{aligned}\frac{1}{2\pi i}\int_\Gamma \frac{f'(z)+g'(z)}{f(z)+g(z)}dz &= \frac{1}{2\pi i}\int_\Gamma \frac{f'(z)+f'(z)h(z)+f(z)h'(z)}{f(z)[1+h(z)]}dz \\ &= \frac{1}{2\pi i}\int_\Gamma \frac{f'(z)}{f(z)}dz + \frac{1}{2\pi i}\int_\Gamma \frac{h'(z)}{1+h(z)}dz.\end{aligned}$$

现在在 D' 上 $|h(z)| \leqslant a < 1$, 故 $\dfrac{h'(z)}{1+h(z)}$ 在 D' 上有原函数 $\log(1+h(z))$, 从而由定理 3.5.1 的推论知 $\displaystyle\int_\Gamma \frac{h'(z)}{1+h(z)}dz = 0$. 这样我们就有

$$\frac{1}{2\pi i}\int_\Gamma \frac{f'(z)+g'(z)}{f(z)+g(z)}dz = \frac{1}{2\pi i}\int_\Gamma \frac{f'(z)}{f(z)}dz.$$

再利用定理 4.8.1得本定理. □

定理 4.8.3(代数基本定理) $n\ (\geqslant 1)$ 阶多项式恰有 n 个零点.

证明 设 $P(z) = a_0 + a_1 z + \cdots + a_n z^n, a_n \neq 0$. 令 $Q(z) = a_0 + a_1 z + \cdots + a_{n-1}z^{n-1}$. 此时有 $R > 0$, 使当 $|z| \geqslant R$ 时 $|Q(z)| < |a_n z^n|$. 故当 $|z| \geqslant R$ 时 $P(z)$ 不可能有零点. 再由定理 4.8.2 知当 $|z| < R$ 时, $P(z) = Q(z) + a_n z^n$ 与 $a_n z^n$ 有相同个数零点. 但后者恰有 n 个零点, 故 $P(z)$ 恰有 n 个零点. □

例 1 确定方程 $z^9 - 2z^6 + z^2 - 8z - 2 = 0$ 在 $|z| < 1$ 中解的个数.

解 当 $|z| = 1$ 时, $|z^9 - 2z^6 + z^2 - 2| \leqslant 1 + 2 + 1 + 2 = 6 < 8 = |-8z|$. 因此由 Rouché 定理得知 $z^9 - 2z^6 + z^2 - 8z - 2$ 与 $-8z$ 在 $|z| < 1$ 中有相同个数零点, 即 1 个. 从而原方程在 $|z| < 1$ 中有且只有 1 个解.

定理 4.8.4 (Hurwitz) 设开域 D 中的解析函数列 $\{f_n(z)\}_{n\geqslant 1}$ 紧一致收敛于 $f(z)$. 若在 D 中 $f(z)$ 不恒为 0, 则对 $f(z)$ 的任何零点 z_0 及 z_0 的任何邻域 $V(z_0, \delta)$, 必有 N, 使当 $n > N$ 时, $f_n(z)$ 在 $V(z_0, \delta)$ 中有零点.

证明 不妨设 $\overline{V}(z_0, \delta) \subset D$. 由于在 D 中 $f(z)$ 不恒为 0, 故由解析函数唯一性定理, z_0 是 $f(z)$ 的孤立零点. 因而不妨设在圆周 $|z - z_0| = \delta$ 上没有零点, 于是

$$m = \min\{|f(z)| : |z - z_0| = \delta\} > 0.$$

又 $\{f_n(z)\}_{n\geqslant 1}$ 在 $\overline{V}(z_0,\delta)$ 上一致收敛于 $f(z)$, 所以有 N, 使当 $n>N$ 时,

$$|f_n(z)-f(z)|<m\leqslant|f(z)|,\quad |z-z_0|=\delta.$$

由 Rouché 定理, 当 $n>N$ 时, $[f_n(z)-f(z)]+f(z)=f_n(z)$ 与 $f(z)$ 在 $V(z_0,\delta)$ 中有相同个数的零点. 但 $f(z)$ 在 $V(z_0,\delta)$ 中有零点 z_0, 从而当 $n>N$ 时 $f_n(z)$ 在 $V(z_0,\delta)$ 中有零点. □

注 粗略地说, Hurwitz 定理可以表述成：若开域 D 中的解析函数列 $\{f_n(z)\}_{n\geqslant 1}$ 紧一致收敛于非恒为 0 的解析函数 $f(z)$, 则 $f(z)$ 的每一零点皆是 $f_n(z)$ 的零点的极限点.

习 题 4

1. 求证 $\sum\limits_{k=0}^{\infty}z^k$ 在 $|z|<1$ 中紧一致收敛于 $\dfrac{1}{1-z}$.

2. 设开域 D 中的连续函数列 $\{f_n(z)\}_{n\geqslant 1}$ 紧一致收敛于 $f(z)$. 求证 $f(z)$ 连续并且对 D 中任何路径 γ 有 $\lim\limits_{k\to\infty}\displaystyle\int_\gamma f_k(z)dz=\int_\gamma f(z)dz$.

3. 设 $\sum\limits_{k=1}^{\infty}a_k$ 收敛, $0<\alpha\leqslant\arg a_k\leqslant\dfrac{\pi}{2}, k=1,2,\cdots$. 求证 $\sum\limits_{k=1}^{\infty}|a_k|$ 收敛.

4. 求证 $\sum\limits_{k=1}^{\infty}\dfrac{z}{k(z-k)}$ 在 $\mathbb{C}-\{n:n\text{是正整数}\}$ 上解析.

5. 设 $\sum\limits_{k=1}^{\infty}|a_k|$ 收敛. 求证 $f(z)=\sum\limits_{k=1}^{\infty}\dfrac{a_k}{z-k}$ 在 $\mathbb{C}-\{n:n\text{是正整数}\}$ 上解析.

6. 设 $f(z)$ 在 $|z|<1$ 中解析, $f(0)=0$. 求证 $\sum\limits_{k=1}^{\infty}f\left(z^k\right)$ 在 $|z|<1$ 中解析.

7. 设 $f_k(z)$ 在开域 D 中解析, $\sum\limits_{k=1}^{\infty}|f_k(z)|$ 紧一致收敛. 求证 $\sum\limits_{k=1}^{\infty}|f_k'(z)|$ 也紧一致收敛.

8. 设 $f(z)=\sum\limits_{k=0}^{\infty}c_kz^k$, $|z|<R$, 并且 $0\leqslant r<R$. 求证

(i) $\dfrac{1}{2\pi}\displaystyle\int_0^{2\pi}\left|f\left(re^{it}\right)\right|^2dt=\sum_{k=0}^{\infty}|c_k|^2r^{2k}$;

(ii) $|c_k|\leqslant\dfrac{M(r)}{r^k}$, 其中 $M(r)=\max\{|f(z)|:|z|=r\}$;

(iii) 若有某 $k\geqslant 0$ 使 $|c_k|=\dfrac{M(r)}{r^k}$, 则 $f(z)=c_kz^k$;

(iv) 若 $f(z)$ 在 $|z|<R$ 中有界, $|f(z)|\leqslant M$, 则 $\sum\limits_{k=0}^{\infty}|c_k|^2R^{2k}\leqslant M^2$;

(v) 若 $f(z)$ 在 $|z|<1$ 中有界, 求证 $\lim\limits_{k\to\infty}c_k=0$.

9. 设 $f(z)$ 在 $0<|z|<1$ 中解析, 且非常数, 但有 $z_n\to 0$ 使 $\{f(z_n)\}_{n\geqslant 1}$ 是常数列, 求证 0 是 $f(z)$ 的本性奇点.

10. 把 $f(z)=\dfrac{1}{1+z^2}$ 在 $z=1$ 处展开成幂级数并求其收敛半径.

11. 设 f 和 g 都在开域 D 中解析而且 $f(z)g(z)\equiv 0$. 求证或者 $f(z)\equiv 0$, 或者 $g(z)\equiv 0$.

12. 设 f 和 g 都在开域 D 中解析而且 $\bar{f}g\in H(D)$. 求证或者 f 为常数, 或者 $g(z)\equiv 0$.

13. 设 f 在 $|z|\leqslant 1$ 上解析而且当 $|z|=1$ 时 $|f(z)|=1$. 再设 $\{z_k\}_{1\leqslant k\leqslant n}$ 是 f 在 $|z|<1$ 中的零点全体 (一个 p 阶零点出现 p 次). 求证 $f(z)=e^{i\lambda}\prod\limits_{k=1}^{n}\dfrac{z-z_k}{1-\bar{z}_k z}$, 其中 λ 为实数.

14. 设 f 在 $|z|\leqslant 1$ 上解析而且当 $|z|=1$ 时 $|f(z)|=1$. 若 $z_1=\dfrac{1+i}{4}$ 是 f 的 1 阶零点, $z_2=\dfrac{1}{2}$ 是 f 的 2 阶零点, 求证 $|f(0)|\leqslant\dfrac{\sqrt{2}}{16}$.

注 此题的一般情形可叙述为: 设 f 在 $|z|\leqslant 1$ 上解析而且当 $|z|=1$ 时 $f(z)\neq 0$. 若 $\{z_k\}_{1\leqslant k\leqslant n}$ 是 f 在 $|z|<1$ 中零点全体, 则 $|f(0)|\leqslant M\prod\limits_{k=1}^{n}|z_k|$, 其中 $M=\max\limits_{|z|=1}|f(z)|$.

15. 是否有 $|z|\leqslant 1$ 上的解析函数 f,g,h, 使 $\left\{f\left(\dfrac{1}{n}\right)\right\}_{n\geqslant 1}=\left\{1,0,\dfrac{1}{2},\dfrac{1}{3},0,\dfrac{1}{4},\dfrac{1}{5},\cdots\right\}$, $\left\{g\left(\dfrac{1}{n}\right)\right\}_{n\geqslant 1}=\left\{1,\dfrac{-1}{2},\dfrac{1}{3},\dfrac{-1}{4},\cdots\right\}$, $\left\{h\left(\dfrac{1}{n}\right)\right\}_{n\geqslant 1}=\left\{\dfrac{1}{2},\dfrac{1}{2},\dfrac{1}{4},\dfrac{1}{4},\cdots\right\}$?

16. 设 f 是非常数整函数. 求证为使 f 是多项式, 充要条件是对任何 $z_n\to\infty$ 有

$$f(z_n)\to\infty.$$

17. 求在 $|z|=1$ 上 $|f(z)|\equiv 1$ 的整函数 f 的全体.

18. 求证 $\dfrac{1}{1-z-z^2}=\sum\limits_{k=0}^{\infty}c_k z^k$, 其中 $c_0=c_1=1, c_k=c_{k-1}+c_{k-2}, k\geqslant 2$.

19. 设 $f(z)$ 在 $|z|<1$ 中解析而且对每一 $|z|<1$ 有正整数 n_z 使 $f^{(n_z)}(z)=0$. 求证 f 是多项式.

20. 设 f 和 g 都在简单闭路径 γ 及其内部 D 上解析, 在 D 中无零点. 今若对任何 $z\in\gamma$ 满足 $|f(z)|=|g(z)|$, 求证 $f=\lambda g$, 其中 λ 为常数.

21. 设 f 和 g 都在 $V(0,1)$ 中解析且无零点, 此外对任何 $n\geqslant 2$,

$$\frac{f'\left(\dfrac{1}{n}\right)}{f\left(\dfrac{1}{n}\right)}=\frac{g'\left(\dfrac{1}{n}\right)}{g\left(\dfrac{1}{n}\right)}.$$

求证 $f(z)=\lambda g(z)$, λ 为常数.

22. 设 z_0 是 f 的孤立奇点, 而且是极点. 求证对任何 $-\pi<\theta_0\leqslant\pi$ 及 $\varepsilon>0$, 有 $z_n\to z_0$, 使 $f(z_n)\to\infty$, 并且 $|\arg f(z_n)-\theta_0|<\varepsilon$.

23. 设 $\{a_k\}_{k\geqslant 0}$ 由 $1-z^2+z^4-z^6+\cdots=\sum\limits_{k=0}^{\infty}a_k(z-3)^k$ 确定, 求 $r=\overline{\lim\limits_{k\to\infty}}|a_k|^{1/k}$.

24. 设 $\sum\limits_{k=0}^{\infty}c_k z^k$ 的系数由 $c_0=1, c_1=-1, 3c_k+4c_{k-1}-c_{k-2}=0$, $k\geqslant 2$ 给出. 求该级数的收敛半径及和函数.

25. 设 a 是 f 的极点或本性奇点, 求证 a 是 e^f 的本性奇点.

26. 设 $z \neq 0$ 时 f 解析, 0 是 f 的 1 阶极点, $f(z)$ 在 $|z|=1$ 上是实数. 求证 $f(z) = \bar{a}z + \dfrac{a}{z} + b$, 其中 $a \neq 0$, b 是实数.

27. 设 f 在 $0<|z|<R$ 中解析, $\operatorname{Re} f(z) \leqslant M$. 求证 0 是 f 的可去奇点.

28. 设 f 是非多项式的整函数. 求证有 $z_n \to \infty$, 使对任何多项式 P 有

$$f(z_n) P(z_n) \to 0.$$

29. 0 是下列诸函数 f 的孤立奇点. 试确定它们的性质: 若是可去奇点, 确定 $f(0)$, 使 f 在 $z=0$ 解析; 若是极点, 求出其阶数.

(i) $\dfrac{\sin z}{z}$;　　(ii) $\dfrac{e^z-1}{z}$;

(iii) $\dfrac{\cos z-1}{z}$;　　(iv) $e^{z^{-1}}$;

(v) $\dfrac{\log(z+1)}{z^2}$;　　(vi) $\dfrac{\cos\left(z^{-1}\right)}{z^{-1}}$;

(vii) $\dfrac{z^2+1}{z(z-1)}$;　　(viii) $(1-e^z)^{-1}$.

30. 试把 $f(z) = \dfrac{1}{(2z+1)(z-1)}$ 在圆环 $\dfrac{1}{2}<|z|<1$ 及 $0<\left|z+\dfrac{1}{2}\right|<\dfrac{3}{2}$ 中展成 Laurent 级数.

31. 求下列函数在指定点的留数.

(i) $\dfrac{z}{(z-1)(z+1)^2}$ 在 $z=\pm 1$;　　(ii) $\dfrac{1}{\sin z}$ 在 $z=n\pi$, n 为整数;

(iii) $\dfrac{1-e^{2z}}{z^4}$ 在 $z=0$;　　(iv) $e^{1/(z-1)}$ 在 $z=1$;

(v) $\dfrac{z^2}{z-1}$ 在 $z=1$;　　(vi) $\dfrac{e^z}{z^2-1}$ 在 $z=\pm 1$.

32. 计算下列各积分.

(i) $\displaystyle\int_{|z|=1}\left(z+\frac{1}{z}\right)^5 dz$;　　(ii) $\displaystyle\int_{|z|=\frac{1}{2}}\frac{1}{z^5}\log(1+2z^2)dz$;　　(iii) $\displaystyle\int_{|z|=1}\frac{\cos z-e^{z^2}}{z-\sin z}dz$.

33. 计算下列各积分.

(i) $\displaystyle\int_0^{\infty}\frac{x dx}{x^5+1}$;　　(ii) $\displaystyle\int_{-\infty}^{\infty}\frac{x-1}{x^5-1}dx$;

(iii) $\displaystyle\int_{-\infty}^{\infty}\frac{\cos x}{a^2+x^2}dx, a>0$;　　(iv) $\displaystyle\int_{-\infty}^{\infty}\frac{\cos x}{a^2-x^2}dx, a>0$;

(v) $\displaystyle\int_0^{\infty}\frac{\sin x}{x}dx$;　　(vi) $\displaystyle\int_0^{\infty}\frac{\sin^2 x}{x^2}dx$;

(vii) $\displaystyle\int_0^{2\pi}\frac{dx}{2+\sin x}$;　　(viii) $\displaystyle\int_0^{2\pi}\frac{dx}{5-4\cos x}$.

34. 求下列各方程在指定区域中的解的个数.

(i) $z^5-6z+1=0$ 在 $|z|<1$ 及 $1<|z|<2$;

(ii) $z^3+5z^2+z+2=0$ 在 $|z|<1$;

(iii) $z+e^{-z}=2$ 在右半平面 $\operatorname{Re} z>0$;

(iv) $z^4+z+1=0$ 在第一象限.

35. 设 f 在 $|z|\leqslant 1$ 上解析而且当 $|z|=1$ 时 $|f(z)|<1$. 求证 $f(z)=z$ 在 $|z|<1$ 中有唯一解.

36. 设 γ 是简单闭路径, 内部是 D, $a\in D$. 函数 f 在 $\overline{D}-\{a\}$ 上连续, 在 $D-\{a\}$ 上解析. 若 a 是 f 的 1 阶极点而且当 $z\in\gamma$ 时 $|f(z)|=1$, 求证方程 $f(z)=\lambda$ 在 D 中有唯一解, 其中 $|\lambda|>1$.

37. 求证对任何 $M>0$, 有 N, 使对一切 $n>N$, 多项式

$$P_n(z)=1+z+\frac{z^2}{2!}+\cdots+\frac{z^n}{n!}$$

在 $|z|\leqslant M$ 中没有零点.

38. 设 f 在 $|z|<1$ 中解析, $|f(z)|\leqslant 1$, 并且 0 是 f 的 m $(\geqslant 1)$ 阶零点, 求证

$$\left|\frac{f^{(m)}(0)}{m!}\right|\leqslant 1.$$

此外为使上面不等式成为等式, 充要条件是 $f(z)=e^{i\theta}z^m$, 其中 θ 为实数.

39. 设当 $|z|\leqslant 1$ 时 $|P(z)|=|z^n+a_1z^{n-1}+\cdots+a_n|\leqslant M$. 求证 $P(z)$ 的零点都在 $|z|<M+1$ 中.

40. 设 $f(z)=\sum\limits_{n=0}^{\infty}a_nz^n$ 是整函数, $\lambda>0$, 并且当 $|z|$ 充分大时 $|f(z)|<e^{|z|^\lambda}$.

(i) 求证当 n 充分大时 $|a_n|<\left(\dfrac{\lambda e}{n}\right)^{n/\lambda}$ $(=b_n)$;

(ii) 若 $f(z)=e^{z^k}$, 其中 k 是正整数, 求证 (i) 中的 a_n 和 b_n 满足

$$\varlimsup_{n\to\infty}\left(\frac{|a_n|}{b_n}\right)^{1/n}=1.$$

(就这个意义上来说, (i) 中关于 a_n 的估计不等式是最好的.)

41. 求证 $z+z^2+e^{iz}$ 在上半平面 $\operatorname{Im} z>0$ 中仅有一个零点.

42. 设 Γ 是简单闭路径, 内部是 $D, f\in H(D)$. 求证有 $\{z_n\}_{n\geqslant 1}\subset D$, 使 $\{z_n\}_{n\geqslant 1}$ 收敛于 Γ 上的一个点并且 $\{f(z_n)\}_{n\geqslant 1}$ 有界.

第 5 章 解析开拓

5.1 一般概念

设 D 是开域, $f \in H(D)$. 若有开域 G, 使 $D \subset G$, 并有 $g \in H(G)$, 使在 D 上 $f(z) = g(z)$, 则我们说 $f(z)$ 可以**解析开拓** (到 G 上), 有时也说 g 是 f 的解析开拓.

例 1 $f(z) = \sum\limits_{k=0}^{\infty} z^k$ 仅在 $|z| < 1$ 中收敛并解析. 又 $g(z) = \dfrac{1}{1-z}$ 在 $z \neq 1$ 时解析, 并当 $|z| < 1$ 时 $f(z) = g(z)$, 因此 $\sum\limits_{k=0}^{\infty} z^k$ 可以解析开拓到 $\mathbb{C} - \{1\}$ 上, 或者说 $\dfrac{1}{1-z}$ 是 $\sum\limits_{k=0}^{\infty} z^k$ 的解析开拓.

其次设 D 和 G 是两个开域, $D \cap G \neq \varnothing$, $f \in H(D)$, $g \in H(G)$ 并且在 $D \cap G$ 上 $f(z) = g(z)$, 则称 f 和 g 互为**直接解析开拓**. 此时若定义

$$h(z) = \begin{cases} f(z), & z \in D, \\ g(z), & z \in G, \end{cases}$$

则 h 既是 f 的解析开拓, 也是 g 的解析开拓 (图 5.1.1).

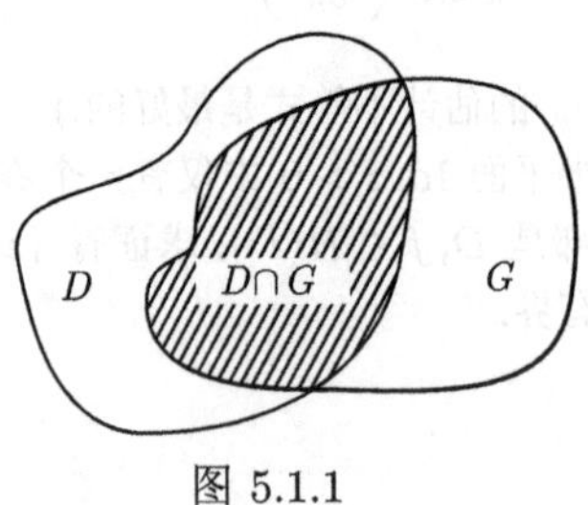

图 5.1.1

例 2 令 $D = \{z : |z| < 1\}$, $G = \{z : |z+i| < \sqrt{2}\}$. 则 $D \cap G \neq \varnothing$ (图 5.1.2). 现 $f(z) = \sum\limits_{k=0}^{\infty} z^k \in H(D)$ 并且 $g(z) = \dfrac{1}{1+i} \sum\limits_{k=0}^{\infty} \left(\dfrac{z+i}{1+i}\right)^k \in H(G)$, 此外在 $D \cap G$ 上 $f(z) = g(z)$, 从而 $f(z)$ 和 $g(z)$ 互为直接解析开拓.

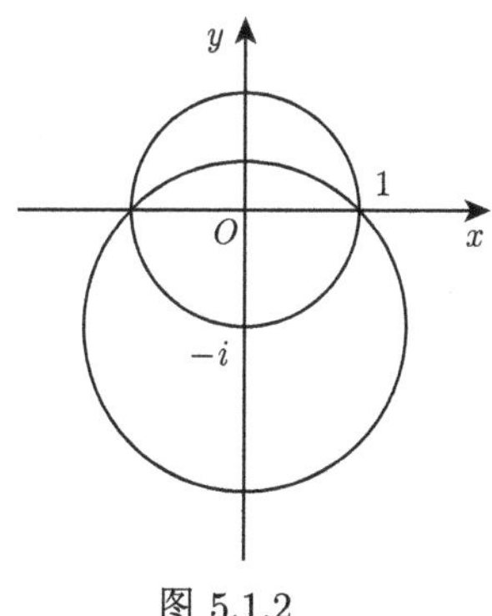

图 5.1.2

再设幂级数

$$f(z)=\sum_{k=0}^{\infty}c_k(z-a)^k,\quad |z-a|<R$$

的收敛半径为 R, $0<R<\infty$. ξ 是圆周 $|z-a|=R$ 上的一个点, 即 $|\xi-a|=R$. 此时有下面两种情形 (图 5.1.3).

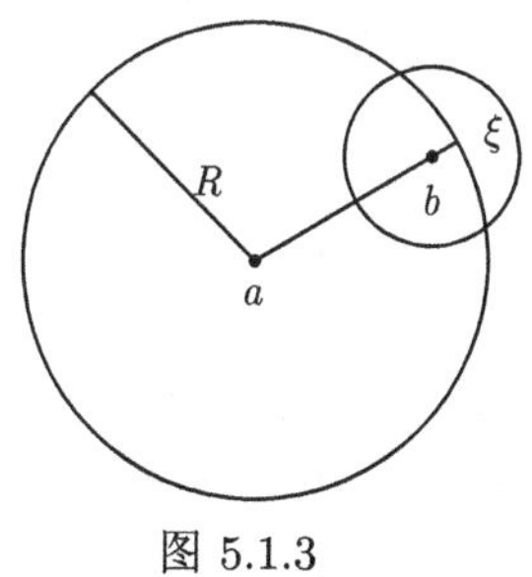

图 5.1.3

情形 1 在半径 $\overline{a\xi}$ 上有点 b, $0<|b-a|<R$, 使 f 在 b 的 Taylor 级数

$$g(z)=\sum_{k=0}^{\infty}\frac{f^{(k)}(b)}{k!}(z-b)^k,\quad |z-b|<\rho \tag{5.1}$$

的收敛半径 $\rho>R-|b-a|$. 此时我们说幂级数 f **可以沿其收敛圆周上的点** ξ **解析开拓**. 在这种情形下 $V(b,\rho)$ 有一部分在 $V(a,R)$ 的外部, 此外在 $V(b,\rho)\bigcap V(a,R)$ 上 f 与 g 相等. 这样, 最初仅在 $V(a,R)$ 中解析的 f, 被解析开拓到更大的开域 $V(b,\rho)\bigcup V(a,R)$. 同时我们明显地有下面结论:

若幂级数 $f(z)=\sum\limits_{k=0}^{\infty}c_k(z-a)^k$ 可以沿其收敛圆周 $|z-a|=R$ 上的点 ξ 解析开拓, 则

(i) 极限 $\lim\limits_{z\to\xi,|z-a|<R} f(z)$ 存在有限;

(ii) 有以 ξ 为中心的圆盘 D_ξ 及 $g_\xi \in H(D_\xi)$, 使在 $D_\xi \cap V(a,R)$ 上 g_ξ 与 f 相等;

(iii) 对半径 $\overline{a\xi}$ 上任何点 b, $0<|b-a|<R$, f 在 b 的 Taylor 级数的收敛半径 $\rho > R-|b-a|$.

情形 2　情形 1 不存在, 即对半径 $\overline{a\xi}$ 上任何点 b, f 在 b 的 Taylor 级数 (5.1) 的收敛半径 $\rho = R-|b-a|$. 此时我们说 ξ 是 f 的**奇点**.

例 3　幂级数 $f(z)=\sum\limits_{k=0}^{\infty} z^k$ 的收敛半径为 1. 任取收敛圆周 $|z|=1$ 上的点 $\xi=e^{i\theta}\neq 1, 0<\theta<2\pi$. 此时对半径 $\overline{O\xi}$ 上任一点 $b=re^{i\theta}$, $0<r<1$, $f(z)=\dfrac{1}{1-z}$ 在 b 的 Taylor 级数为

$$\frac{1}{1-z}=\frac{1}{1-b}\cdot\frac{1}{1-\dfrac{z-b}{1-b}}=\sum_{k=0}^{\infty}\frac{1}{(1-b)^{k+1}}(z-b)^k,$$

其收敛半径为 $|1-b|$. 由于 $\cos\theta<1$, 从而容易计算得知 $|1-b|>1-|b|$ (图 5.1.4).

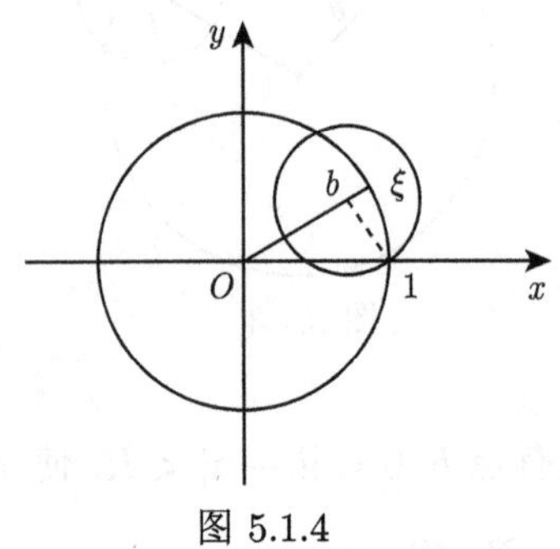

图 5.1.4

这说明本例中的幂级数可以沿其收敛圆周 $|z|=1$ 上的任何点 $\xi\neq 1$ 解析开拓. 其次若 $0<b<1$, 则 $|1-b|=1-|b|$. 从而容易说明 1 是奇点.

定理 5.1.1　设幂级数 $f(z)=\sum\limits_{k=0}^{\infty} c_k(z-a)^k$ 的收敛半径为 R, $0<R<\infty$. 则在收敛圆周 $|z-a|=R$ 上至少有 $f(z)$ 的一个奇点.

证明　假设情况不是如此, 于是对收敛圆周 $|z-a|=R$ 上每一点 ξ, 有以 ξ 为中心的圆盘 D_ξ, 以及在 D_ξ 中解析的函数 $g_\xi(z)$, 使在 $D_\xi\cap V(a,R)$ 上 $g_\xi(z)$ 与 $f(z)$ 相等. 由于圆周 $|z-a|=R$ 是紧集, 因此其上有有限个点 $\{\xi_k\}_{1\leqslant k\leqslant n}$, 使

圆周 $|z-a|=R$ 被 $G=\bigcup\limits_{k=1}^{n} D_{\xi_k}$ 所包含. 这样就有 $\delta>0$, 使 $V(a,R+\delta)\subset V(a,R)\cup\left(\bigcup\limits_{k=1}^{n} D_{\xi_k}\right)$. 现定义

$$F(z)=\begin{cases} f(z), & |z-a|<R, \\ g_{\xi_k}(z), & R\leqslant|z-a|<R+\delta \text{ 及 } z\in D_{\xi_k}, \quad k=1,2,\cdots,n. \end{cases}$$

显然 $F\in H(V(a,R))$. 现若对某 i 和 j, $E=D_{\xi_i}\cap D_{\xi_j}\cap V(a,R)\neq\varnothing$, 则 g_{ξ_i},g_{ξ_j},f 这 3 个函数在 E 上相等. 由解析函数的唯一性定理, g_{ξ_i} 和 g_{ξ_j} 在 $D_{\xi_i}\cap D_{\xi_j}$ 上相等. 因此 F 在 $R\leqslant|z-a|<R+\delta$ 上的定义是一意的并且也解析. 于是 $F(z)$ 在 $V(a,R+\delta)$ 上解析, 其在 a 的 Taylor 级数的收敛半径不小于 $R+\delta$. 但 $F(z)$ 在 a 的 Taylor 级数就是 $f(z)$, 得矛盾. □

例 4 (收敛圆周上都是奇点) 设

$$f(z)=z^{1!}+z^{2!}+\cdots+z^{k!}+\cdots=\sum_{k=1}^{\infty}c_k z^k,$$

其中

$$c_k=\begin{cases} 1, & k=n!, \\ 0, & k\neq n!, n=1,2,\cdots. \end{cases}$$

由于 $\overline{\lim\limits_{k\to\infty}}|c_k|^{1/k}=1$, 故上述幂级数的收敛半径为 1. 现证其收敛圆周 $|z|=1$ 上的所有点都是 f 的奇点. 用反证法, 设 ξ 不是奇点, $|\xi|=1$. 于是有半径 $\overline{O\xi}$ 上的点 b, $0<|b|<1$, 使 f 在 b 的 Taylor 级数 $g(z)=\sum\limits_{k=0}^{\infty}\dfrac{f^{(k)}(b)}{k!}(z-b)^k$ 的收敛半径 $\rho>1-|b|$. 此时 $\xi\in V(b,\rho)$. 现取 $\xi_1=e^{2\pi ip/q}\in V(b,\rho)$, 其中 $\dfrac{p}{q}$ 是既约分数. 从 g 在 $V(b,\rho)$ 中解析知

$$\lim_{r\to1^-}g(r\xi_1)=g(\xi_1). \tag{5.2}$$

但另一方面当 $0<r<1$ 时,

$$g(r\xi_1)=f(r\xi_1)=\sum_{k=1}^{\infty}(r\xi_1)^{k!}=\sum_{k=1}^{q-1}(r\xi_1)^{k!}+\sum_{k=q}^{\infty}r^{k!}. \tag{5.3}$$

由于 $\sum\limits_{k=q}^{\infty}r^{k!}\xrightarrow{r\to1^-}+\infty$, 从而由 (5.3) 知 $\lim\limits_{r\to1^-}g(r\xi_1)=\infty$, 此与 (5.2) 矛盾.

定理 5.1.2(对称原理)　设开域 D 位于实轴同一侧 (图 5.1.5), 其边包含实轴上的线段 L (两端点不在内). 函数 $f \in H(D)$, 在 $D \cup L$ 上连续且在 L 上取实值. 现用 D' 表示 D 关于实轴的对称区域. 则有 $D \cup L \cup D'$ 上的解析函数 F, 使当 $z \in D$ 时, $F(z) = f(z)$; 当 $z \in D \cup L \cup D'$ 时, $F(\bar{z}) = \overline{F(z)}$.

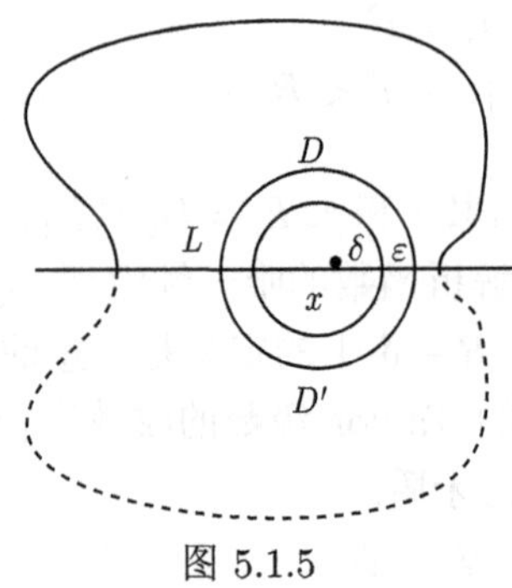

图 5.1.5

证明　定义

$$F(z) = \begin{cases} f(z), & z \in D \cup L, \\ \overline{f(\bar{z})}, & z \in D'. \end{cases}$$

于是容易得知为证 F 满足本定理要求, 只需证明 F 在 $D \cup L \cup D'$ 上解析. $F \in H(D)$ 是显然的. 而当 $z \in D'$ 时,

$$\frac{F(w) - F(z)}{w - z} = \frac{\overline{f(\bar{w})} - \overline{f(\bar{z})}}{w - z} = \overline{\left(\frac{f(\bar{w}) - f(\bar{z})}{\bar{w} - \bar{z}}\right)} \xrightarrow{w \to z} \overline{f'(\bar{z})}.$$

故 $F \in H(D')$. 再任取 $x \in L$, 由于 $f(x)$ 为实数, 故

$$\lim_{z \to x, z \in D'} F(z) = \lim_{z \to x, z \in D'} \overline{f(\bar{z})} = \overline{f(x)} = f(x) = F(x).$$

从而 F 在点 x 连续. 由此易知 F 在 $D \cup L \cup D'$ 上连续. 再证明 F 在点 x 解析. 为此取 $\delta, \varepsilon > 0$ 使 $V(x, \delta) \subset \overline{V}(x, \delta + \varepsilon) \subset D \cup L \cup D'$. 任取闭路径 $\Gamma \subset V(x, \delta)$, 我们要证 $\displaystyle\int_\Gamma F(z)dz = 0$. 先设 $\Gamma \subset D \cup L$, 然后定义闭路径 $\Gamma_\varepsilon = \{z + i\varepsilon : z \in \Gamma\}$, 形象地说, Γ_ε 是把 Γ 向上提升了 ε 距离. 由于 $\Gamma_\varepsilon \subset D \cap \overline{V}(x, \delta + \varepsilon)$, 从而 $0 = \displaystyle\int_{\Gamma_\varepsilon} F(z)dz = \int_\Gamma F(z + i\varepsilon)dz$. 又 F 在 $\overline{V}(x, \delta + \varepsilon)$ 上一致连续, 故当 $\varepsilon \to 0$ 时, $\displaystyle\int_\Gamma F(z + i\varepsilon)dz \to \int_\Gamma F(z)dz$, 从而 $\displaystyle\int_\Gamma F(z)dz = 0$. 对一般的 $\Gamma \subset V(x, \delta)$, 我

们可以用实轴 $\operatorname{Im} z = 0$ 把 Γ 分割成上下两个闭路径, 然后用前面的类似方法得知 F 沿着两个闭路径上的积分都为零, 从而 $\int_\Gamma F(z)dz = 0$. 这样由 Morera 定理得知 F 在 $V(x,\delta)$ 中解析, 特别 F 在点 x 解析. □

5.2 Gamma 函数

5.2.1 $\Gamma(\alpha)$ 的定义及性质 $(\alpha > 0)$

定义

$$\Gamma(\alpha) = \int_0^\infty e^{-t}t^{\alpha-1}dt = \lim_{A\to 0^+, B\to\infty} \int_A^B e^{-t}t^{\alpha-1}dt, \quad \alpha > 0.$$

性质 1 当 $\alpha > 0$ 时, $\Gamma(\alpha)$ 收敛并且 $\Gamma(\alpha+1) = \alpha\Gamma(\alpha)$.

事实上对任何 $0 < A < B < \infty$, 由分部积分法,

$$\int_A^B e^{-t}t^{\alpha-1}dt = \frac{t^\alpha}{\alpha}e^{-t}\Big|_A^B + \frac{1}{\alpha}\int_A^B e^{-t}t^\alpha dt.$$

由于 $e^{-t}t^\alpha$ 在 $[0,\infty)$ 上可积, 从而 $e^{-t}t^{\alpha-1}$ 在 $[0,\infty)$ 上可积, 并且

$$\Gamma(\alpha) = \lim_{A\to 0^+, B\to\infty} \int_A^B e^{-t}t^{\alpha-1}dt = \frac{1}{\alpha}\int_0^\infty e^{-t}t^\alpha dt = \frac{1}{\alpha}\Gamma(\alpha+1).$$

性质 2 当 n 为正整数时, $\Gamma(n+1) = n!$.

事实上由性质 1 知

$$\Gamma(n+1) = n\Gamma(n) = n(n-1)\Gamma(n-1) = \cdots = n!\Gamma(1) = n!.$$

性质 3 对任何 $0 < \lambda < \mu < \infty$, 积分 $\Gamma(\alpha)$ 关于 $\alpha \in [\lambda,\mu]$ 一致收敛, 即对任何 $\varepsilon > 0$, 有 $M > 0, \delta > 0$, 使对一切 $\alpha \in [\lambda,\mu]$,

$$\left|\int_{B_1}^{B_2} e^{-t}t^{\alpha-1}dt\right| < \varepsilon, \quad 对一切\ B_2 > B_1 > M;$$

$$\left|\int_{A_2}^{A_1} e^{-t}t^{\alpha-1}dt\right| < \varepsilon, \quad 对一切\ 0 < A_2 < A_1 < \delta.$$

事实上, 当 $t > 1$ 时, $t^{\alpha-1} \leqslant t^{\mu-1}$. 由 $\int_1^\infty e^{-t}t^{\mu-1}dt$ 收敛得上述第一个不等式. 当 $0 < t < 1$ 时 $t^{\alpha-1} \leqslant t^{\lambda-1}$. 由 $\int_0^1 e^{-t}t^{\lambda-1}dt$ 收敛得上述第二个不等式.

性质 4　当 $0<\alpha<1$ 时, $\Gamma(\alpha)\Gamma(1-\alpha)=\dfrac{\pi}{\sin(\alpha\pi)}$.

事实上, 利用积分次序交换及 4.7 节中的例 5,

$$\begin{aligned}\Gamma(\alpha)\Gamma(1-\alpha)&=\int_0^{\infty}e^{-x}x^{\alpha-1}dx\int_0^{\infty}e^{-y}y^{-\alpha}dy\\&=\int_0^{\infty}e^{-x}dx\int_0^{\infty}e^{-y}\left(\frac{y}{x}\right)^{1-\alpha}\cdot\frac{1}{y}dy\\&=\int_0^{\infty}e^{-x}dx\int_0^{\infty}e^{-xt}t^{1-\alpha}\cdot\frac{1}{xt}\cdot xdt\\&=\int_0^{\infty}e^{-x}dx\int_0^{\infty}e^{-xt}t^{-\alpha}dt\\&=\int_0^{\infty}t^{-\alpha}dt\int_0^{\infty}e^{-x(t+1)}dx\\&=\int_0^{\infty}\frac{t^{-\alpha}}{t+1}dt=\frac{\pi}{\sin(\alpha\pi)}.\end{aligned}$$

5.2.2　$\Gamma(z)$ 的定义及性质 ($\mathrm{Re}\,z>0$)

定义

$$\Gamma(z)=\int_0^{\infty}e^{-t}t^{z-1}dt=\lim_{A\to0^+,B\to\infty}\int_A^B e^{-t}t^{z-1}dt,\quad \mathrm{Re}\,z>0.$$

性质 5　当 $\mathrm{Re}\,z>0$ 时积分 $\Gamma(z)$ 收敛, 而且 $\Gamma(z)$ 在 $\mathrm{Re}\,z>0$ 中解析.

事实上, 由于 $|t^{z-1}|=t^{\mathrm{Re}\,z-1}$, 故由性质 1 可知 $\Gamma(z)$ 的收敛性. 其次对任何 $0<A<B<\infty$, $\mathrm{Re}\,z_0>0$, $\mathrm{Re}\,z>0$, 由

$$\left|\int_A^B e^{-t}t^{z-1}dt-\int_A^B e^{-t}t^{z_0-1}dt\right|\leqslant\int_A^B e^{-t}t^{\mathrm{Re}\,z_0-1}\left|t^{z-z_0}-1\right|dt.$$

易知 $\displaystyle\int_A^B e^{-t}t^{z-1}dt$ 在 $\mathrm{Re}\,z>0$ 上连续.

又由于当 $t>0$ 时, $t^{z-1}=e^{(z-1)\ln t}$ 是 z 的整函数, 故对 $\mathrm{Re}\,z>0$ 中任一简单闭路径 $\Gamma: z=z(s), a\leqslant s\leqslant b$,

$$\begin{aligned}\int_{\Gamma}dz\int_A^B e^{-t}t^{z-1}dt&=\int_a^b z'(s)ds\int_A^B e^{-t}t^{z(s)-1}dt\\&=\int_A^B e^{-t}dt\int_a^b t^{z(s)-1}z'(s)ds\end{aligned}$$

$$= \int_A^B e^{-t} dt \int_\Gamma t^{z-1} dz = 0.$$

从而由 Morera 定理知 $\int_A^B e^{-t} t^{z-1} dt$ 是 $\operatorname{Re} z > 0$ 中的解析函数. 现在取 $A_n \downarrow 0, B_n \uparrow \infty$, 并令

$$f_n(z) = \int_{A_n}^{B_n} e^{-t} t^{z-1} dt,$$

则 $f_n(z)$ 在 $\operatorname{Re} z > 0$ 中解析, 并且当 $m > n$ 时,

$$|f_m(z) - f_n(z)| \leqslant \int_{B_n}^{B_m} e^{-t} t^{\operatorname{Re} z-1} dt + \int_{A_m}^{A_n} e^{t} t^{\operatorname{Re} z-1} dt.$$

于是由性质 3 知 $f_n(z)$ 在 $\operatorname{Re} z > 0$ 中紧一致收敛于 $\Gamma(z)$. 因此 $\Gamma(z)$ 在 $\operatorname{Re} z > 0$ 中解析.

性质 6 $\Gamma(z+1) = z\Gamma(z), \operatorname{Re} z > 0$.

此由性质 1 及解析函数唯一性定理得到.

5.2.3 $\Gamma(z)$ 的解析开拓

由性质 6, 当 $\operatorname{Re} z > 0$ 时 $\Gamma(z) = \dfrac{\Gamma(z+1)}{z}$. 从而对任何非负整数 n, 当 $\operatorname{Re} z > 0$ 时

$$\Gamma(z) = \frac{\Gamma(z+n+1)}{z(z+1)\cdots(z+n)}, \quad n = 0, 1, 2, \cdots,$$

但当 $\operatorname{Re} z > -n-1$ 且 $z \neq 0, -1, \cdots, -n$ 时, 上式右方是解析的, 所以可以由上式右方来定义 $\Gamma(z)$. 这样本来仅在 $\operatorname{Re} z > 0$ 上有定义的 $\Gamma(z)$ 被解析开拓到 $\mathbb{C} - \{$非正的整数$\}$ 上.

性质 7 每一非正的整数 $-n$ 是 $\Gamma(z)$ 的 1 阶极点, $\operatorname{Res}(\Gamma, -n) = \dfrac{(-1)^n}{n!}$.

事实上 $\Gamma(-n+n+1) = \Gamma(1) = 1 \neq 0$, 从而

$$\operatorname{Res}(\Gamma, -n) = \left.\frac{\Gamma(z+n+1)}{z(z+1)\cdots(z+n-1)}\right|_{z=-n} = \frac{(-1)^n}{n!}.$$

性质 8 $\Gamma(z)\Gamma(1-z) = \dfrac{\pi}{\sin(\pi z)}, \ z \in \mathbb{C}$.

事实上当 z 不为整数时以上等式可由性质 4 及解析函数唯一性定理得到. 而当 z 为非正的整数 $-n$ 时, $\Gamma(-n) = \infty, \Gamma(1+n) = n! > 0$, 故等式成立. 当 z 为正整数时有同样的结论.

性质 9 对任何 $z\in\mathbb{C}$ 有 $\Gamma(z)\neq 0$, 从而 $\dfrac{1}{\Gamma(z)}$ 是整函数, 每一非正的整数是它的 1 阶零点.

这是性质 7 与性质 8 的推论.

5.2.4 ζ 函数

对任何正整数 n 及 $z=x+iy$, $\dfrac{1}{n^z}=e^{-z\ln n}$ 是 z 的整函数. 此外当 $\operatorname{Re}z>1$ 时, 级数 $\sum\limits_{n=1}^{\infty}\left|\dfrac{1}{n^z}\right|=\sum\limits_{n=1}^{\infty}\dfrac{1}{n^x}$ 在 $x=\operatorname{Re}z>1$ 中是紧一致收敛的. 从而

$$\zeta(z)=\sum_{n=1}^{\infty}\frac{1}{n^z}=1+\frac{1}{2^z}+\frac{1}{3^z}+\cdots \tag{5.4}$$

定义了 $\operatorname{Re}z>1$ 中的一个解析函数.

现若 n 是正整数, 则 $\displaystyle\int_0^{\infty}e^{-nt}t^{z-1}dt=\frac{1}{n^z}\int_0^{\infty}e^{-s}s^{z-1}ds=\frac{\Gamma(z)}{n^z}$, 于是

$$\Gamma(z)\sum_{n=1}^{\infty}\frac{1}{n^z}=\int_0^{\infty}t^{z-1}\sum_{n=1}^{\infty}e^{-nt}dt=\int_0^{\infty}\frac{t^{z-1}}{e^t-1}dt,$$

$$\zeta(z)=\frac{1}{\Gamma(z)}\int_0^{\infty}\frac{t^{z-1}}{e^t-1}dt,\quad \operatorname{Re}z>1,$$

其中 $\dfrac{1}{\Gamma(z)}$ 是整函数. 于是为解析开拓 $\zeta(z)$, 只需解析开拓 $\displaystyle\int_0^{\infty}\frac{t^{z-1}}{e^t-1}dt$. 但和性质 5 完全类似的方法容易证明

$$g(z)=\int_1^{\infty}\frac{t^{z-1}}{e^t-1}dt$$

是整函数. 因此只需解析开拓 $\displaystyle\int_0^{1}\frac{t^{z-1}}{e^t-1}dt$. 现在 $e^z-1=z\left(1+\dfrac{z}{2!}+\dfrac{z^2}{3!}+\cdots\right)$, 故

$$\frac{1}{e^z-1}=\frac{1}{z}+a_0+a_1z+a_2z^2+\cdots.$$

上式是 $\dfrac{1}{e^z-1}$ 在 $0<|z|<\infty$ 中的 Laurent 展开, 它在 $0<|z|<\infty$ 中绝对而且紧一致收敛. 故

$$\sum_{n=1}^{\infty}|a_n|<\infty. \tag{5.5}$$

于是

$$\int_0^1 \frac{t^{z-1}}{e^t-1}dt = \int_0^1 \left(t^{z-2}+a_0t^{z-1}+a_1t^z+a_2t^{z+1}+\cdots\right)dt$$
$$= \frac{1}{z-1}+\frac{a_0}{z}+\frac{a_1}{z+1}+\frac{a_2}{z+2}+\cdots,$$

上式最后一个级数对任何 $z \notin \{1,0,-1,-2,\cdots\}$ 是解析的. 从而

$$\zeta(z) = \frac{1}{\Gamma(z)}\left[\int_0^1 \frac{t^{z-1}}{e^t-1}dt + \int_1^\infty \frac{t^{z-1}}{e^t-1}dt\right]$$
$$= \frac{g(z)}{\Gamma(z)} + \frac{1}{(z-1)\Gamma(z)} + \frac{a_0}{z\Gamma(z)} + \frac{a_1}{(z+1)\Gamma(z)} + \cdots.$$

对每一非正的整数 $-n$, $\Gamma(z)$ 以 $-n$ 为 1 阶极点, 因此 $\dfrac{1}{(z+n)\Gamma(z)}$ 是整函数. 这样利用 (5.5) 得知上式右方的函数对任何 $z \neq 1$ 是解析的. 于是 $\zeta(z)$ 被解析开拓到 $\mathbb{C}-\{1\}$, 1 是 $\zeta(z)$ 的 1 阶极点, $\mathrm{Res}(\zeta,1)=1$.

注 当 $\mathrm{Re}\, z>1$ 时, $\prod\limits_{p\in P}\left(\dfrac{1}{1-p^z}\right)\zeta(z)=1$, 其中 $P=\{n:n$ 是所有大于 1 的素数$\}$.

事实上对任何正整数 k, 令 N_k 表示 P 中前 k 个素数的倍数全体. 于是, 在 $\zeta(z)$ 的定义 (5.4) 右方取走所有 n 为 2 的倍数的项, 得

$$\left(1-\frac{1}{2^z}\right)\zeta(z) = 1+\sum_{n\in N-N_1}\frac{1}{n^z}.$$

再在此等式右方取走所有 n 为 3 的倍数的项, 得

$$\left(1-\frac{1}{2^z}\right)\left(1-\frac{1}{3^z}\right)\zeta(z) = 1+\sum_{n\in N-N_2}\frac{1}{n^z},$$

等等. 如此无限进行下去, 即得本注.

由注知 $\zeta(z)$ 在 $\mathrm{Re}\, z>1$ 中没有零点. 进一步研究得知 $\zeta(z)$ 不在 $0\leqslant \mathrm{Re}\, z\leqslant 1$ 中的零点全体就是所有的负偶整数. 至于 $\zeta(z)$ 在 $0\leqslant \mathrm{Re}\, z\leqslant 1$ 中的零点则有

Riemann 猜想：$\mathbb{C}-\{1\}$ 上解析的函数 $\zeta(z)$ 的所有不在实轴上的零点都在直线 $\mathrm{Re}\, z=\dfrac{1}{2}$ 上.

上述猜想至今仍是个猜想, 还未得到证明.

习 题 5

1. 求证 $f(z)=\sum\limits_{k=0}^{\infty}\frac{1}{2^{k+1}}z^k$ 是 $g(z)=\sum\limits_{k=0}^{\infty}(z-1)^k$ 的解析开拓.

2. 求 $f(z)=\sum\limits_{k=0}^{\infty}e^{kz}$ 的解析区域, 它可以解析开拓到怎样的范围?

3. 求 $f(z)=\sum\limits_{k=0}^{\infty}\left(\frac{z-i}{z+i}\right)^k$ 的解析区域, 它可以解析开拓到怎样的范围?

4. 设 $a\in\mathbb{C}, a\neq 0$.

(i) 求 $\frac{1}{z}$ 在 a 和 $-a$ 的幂级数展开 $f_+(z)$和$f_-(z)$;

(ii) 证明 $f_+(z)$和$f_-(z)$ 没有公共收敛点;

(iii) 在连结 a 和 $-a$ 线段的垂直平分线上任取一点 $b\neq 0$, 求证 $\frac{1}{z}$ 在 b 的幂级数展开与 $f_+(z)$ 及 $f_-(z)$ 都互为解析开拓.

5. 设 $\{n_k\}_{k\geqslant 1}$ 是一列严格单增正整数列, $f(z)=\sum\limits_{k=0}^{\infty}\left(\frac{z-z^2}{2}\right)^{n_k}$.

(i) 求 $f(z)$ 在 $z=0$ 的幂级数展开 $g(z)=\sum\limits_{k=0}^{\infty}a_kz^k$ 的收敛半径;

(ii) 证明 $g(z)$ 在其收敛圆周上只有一个奇点.

6. 设 $f(z)=\sum\limits_{k=0}^{\infty}c_kz^k$ 的收敛半径为 $R>0$, $c_k\geqslant 0$. 任取 $0<b<R$, 并令 $\Gamma=\{z:|z|=b\}$.

(i) 求证 $f(z)$ 在圆周 Γ 上所有点的幂级数展开的收敛半径在 $z=b$ 这点达到最小;

(ii) 求证 R 是 $f(z)$ 的奇点.

7. 设 $f(z)$ 在 $\overline{V}(0,2)$ 上连续, 在 $\overline{V}(0,2)-[-1,1]$ 中解析, 求证 $f(z)$ 可以解析开拓到 $\overline{V}(0,2)$.

8. 设 $D=\left\{z:\frac{1}{2}<|z|<2\right\}, f\in H(D)$.

(i) 求证为使 $f(z)$ 在 D 中有原函数, 充要条件是 $\int_{|z|=1}f(z)dz=0$;

(ii) 求证为使 f 可以解析开拓到 $V(0,2)$, 充要条件是对任何 $n\geqslant 1$, 有 $g\in H(D)$ 使得 $g^{(n)}(z)=f(z)$.

第 6 章　共形映照

6.1　一些基本性质

定理 6.1.1(开映像原理)　设 f 在开域 D 中解析而且非常数, 则

(i) 对任何 $z_0 \in D$, $w_0 = f(z_0)$ 及 $\varepsilon > 0$, 必有 $\delta, \lambda \in (0, \varepsilon)$, 使对任何 $w \in V(w_0, \lambda)$, z 的函数 $f(z) - w$ 与 $f(z) - w_0$ 在 $V(z_0, \delta)$ 中有相同个数零点, 从而 $V(w_0, \lambda) \subset f(V(z_0, \delta))$ (图 6.1.1);

(ii) $f(D)$ 是开域.

证明　(i) 由于 f 非常数, 故由解析函数唯一性定理, 必有 $\delta \in (0, \varepsilon)$ (图 6.1.1), 使 $f(z) - f(z_0)$ 在圆周 $|z - z_0| = \delta$ 上无零点, 从而有 $\lambda \in (0, \varepsilon)$ 使

$$|f(z) - f(z_0)| \geqslant \lambda, \quad |z - z_0| = \delta.$$

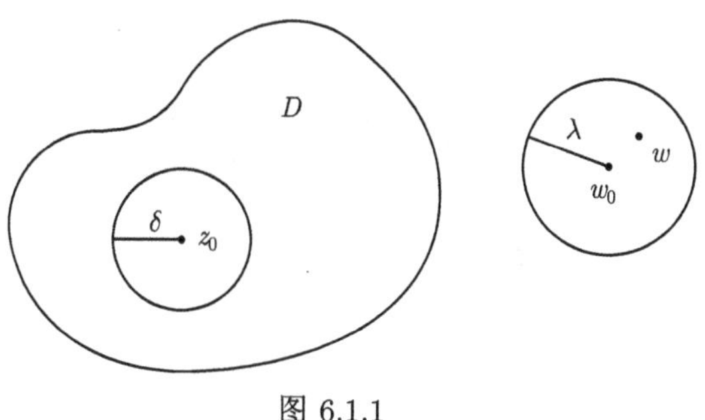

图 6.1.1

于是对任何 $w \in V(w_0, \lambda)$, 即 $|w - w_0| < \lambda$, 有

$$\Big|[f(z) - w] - [f(z) - w_0]\Big| = \Big|w - w_0\Big| < \lambda \leqslant \Big|f(z) - f(z_0)\Big|, \quad \Big|z - z_0\Big| = \delta.$$

故由 Rouché 定理, $f(z) - f(z_0)$ 与

$$[f(z) - w] - [f(z) - w_0] + [f(z) - f(z_0)] = f(z) - w$$

在 $V(z_0, \delta)$ 中有相同个数零点. 但前者有零点 (例如 z_0), 故后者也有, 即存在 $z_w \in V(z_0, \delta)$ 使 $f(z_w) - w = 0$ 或 $w = f(z_w)$. 从而 $V(w_0, \lambda) \subset f(V(z_0, \delta))$.

(ii) 由 (i), 对任何 $w_0 \in f(D)$, 有 $\delta, \lambda \in (0, \varepsilon)$, 使 $V(w_0, \lambda) \subset f(V(z_0, \delta)) \subset f(D)$, 这说明 $f(D)$ 是开集. 至于 $f(D)$ 连通是十分明显的. 因此 $f(D)$ 是开域. □

若 f 在开域 D 中解析而且对任何 $z_1 \neq z_2$ 有 $f(z_1) \neq f(z_2)$, 则称 f 在开域 D 中**单叶**.

定理 6.1.2 设 f 在开域 D 中解析.

(i) 若 f 在开域 D 中单叶, 则对任何 $z \in D$, $f'(z) \neq 0$;

(ii) 若 $z_0 \in D$, $f'(z_0) \neq 0$, 则 f 在 z_0 的一个邻域中单叶.

证明 (i) 用反证法, 假设有某 $z_0 \in D$ 使 $f'(z_0) = 0$. 于是 z_0 是 $f(z) - f(z_0)$ 的某 $m(\geqslant 2)$ 阶零点. 由定理 6.1.1(i), 有 $\delta, \lambda > 0$, 使对任何 $w \in V(w_0, \lambda)$, z 的函数 $f(z) - w$ 与 $f(z) - w_0$ 在 $V(z_0, \delta)$ 中有相同个数零点, 即 m 个零点. 再由 f 的单叶性, 对任何 $w \in V(w_0, \lambda)$, z 的函数 $f(z) - w$ 以某个 z_w 为 $m\ (\geqslant 2)$ 阶零点. 从而 $f'(z_w) = 0$, 并且当 w 不同时, z_w 也不同. 这样 $V(z_0, \delta)$ 中有无穷个 z_w 使 $f'(z_w) = 0$. 于是由解析函数唯一性定理, 对一切 $z \in D$ 有 $f'(z) = 0$. 从而 f 是常数, 此与 f 单叶矛盾.

(ii) 还用反证法, 假设 f 在 z_0 的任一邻域中不单叶, 于是有 $a_n \to z_0$ 及 $b_n \to z_0$, $a_n \neq b_n$, $f(a_n) = f(b_n)$, $n = 1, 2, \cdots$. 取定 $\delta > 0$ 使 $\overline{V}(z_0, \delta) \subset D$. 由 Cauchy 公式知

$$
\begin{aligned}
0 = \frac{f(a_n) - f(b_n)}{a_n - b_n} &= \frac{1}{a_n - b_n}\left[\frac{1}{2\pi i}\int_{|z-z_0|=\delta} \frac{f(z)dz}{z - a_n} - \frac{1}{2\pi i}\int_{|z-z_0|=\delta} \frac{f(z)dz}{z - b_n}\right] \\
&= \frac{1}{2\pi i}\int_{|z-z_0|=\delta} \frac{f(z)dz}{(z - a_n)(z - b_n)}.
\end{aligned}
$$

由 $a_n \to z_0$ 及 $b_n \to z_0$ 易知上面最后一式当 $n \to \infty$ 时的极限为

$$
\frac{1}{2\pi i}\int_{|z-z_0|=\delta} \frac{f(z)dz}{(z - z_0)^2} = f'(z_0) \ \ (\text{导数公式}),
$$

于是 $f'(z_0) = 0$. 此与 (ii) 中的条件 $f'(z_0) \neq 0$ 矛盾. □

6.2 保角性、导数的几何意义

设 D 是复平面中的开域, $a \in D$. 又 $z_1(t) = x_1(t) + iy_1(t)$, $0 \leqslant t \leqslant 1$ 是 D 中经过 a 的一条光滑曲线 (即 $x_1'(t), y_1'(t)$ 连续, $|x_1'(t)|^2 + |y_1'(t)|^2 \neq 0$), $z_1(0) = a$. 由于 $t > 0$, 故复数 $z_1(t) - z_1(0)$ 和 $\dfrac{z_1(t) - z_1(0)}{t}$ 有相同的辐角. 而当

$t \to 0$ 时, $z_1(t) - z_1(0)$ 的辐角的极限值就是曲线 $z_1(t)$ 在 $a = z_1(0)$ 的切线的辐角 (图 6.2.1), 从而

$$\arg z_1'(0)$$

就是曲线 $z_1(t)$ 在 $a = z_1(0)$ 处切线的辐角.

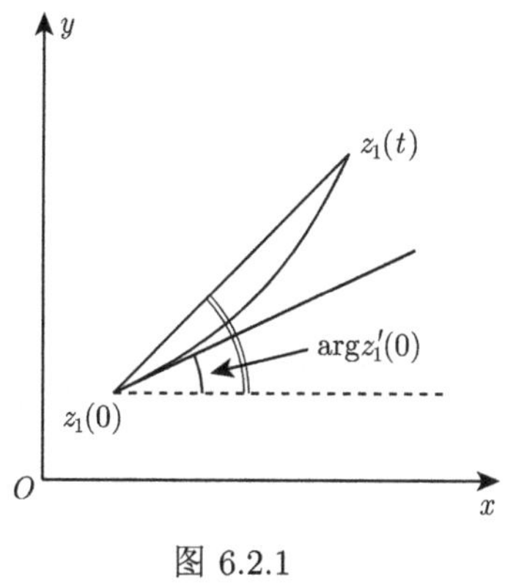

图 6.2.1

再设 $f \in H(D), f'(a) \neq 0$. 于是 f 把上述曲线 $z_1(t)$ 映照为 $f(D)$ 中经过 $b = f(a)$ 的光滑曲线 $w_1(t) = f(z_1(t))$, $0 \leqslant t \leqslant 1$, 其中 $w_1(0) = b$. 由于

$$w_1'(0) = f'(z_1(0))\, z_1'(0) = f'(a) z_1'(0),$$

从而

$$\operatorname{Arg} w_1'(0) = \operatorname{Arg} f'(a) + \operatorname{Arg} z_1'(0)$$

或

$$\operatorname{Arg} w_1'(0) - \operatorname{Arg} z_1'(0) = \operatorname{Arg} f'(a).$$

现在若 $z_2(t)$, $0 \leqslant t \leqslant 1$, 是 D 中另一条经过 a 的光滑曲线, $z_2(0) = a$, $w_2(t) = f(z_2(t))$, $w_2(0) = f(z_2(0)) = f(a) = b$. 此时我们同样有

$$\operatorname{Arg} w_2'(0) - \operatorname{Arg} z_2'(0) = \operatorname{Arg} f'(a) = \operatorname{Arg} w_1'(0) - \operatorname{Arg} z_1'(0).$$

于是

$$\operatorname{Arg} w_2'(0) - \operatorname{Arg} w_1'(0) = \operatorname{Arg} z_2'(0) - \operatorname{Arg} z_1'(0).$$

这说明解析函数 $f(z)$ 在其导数不为 0 的点处, 任何两条经过该点的光滑曲线在该点的夹角与旋转方向在 f 的映照下保持不变. 这个性质称为解析函数的**保角性**. 现若 f 在开域 D 中单叶解析, 则由定理 6.1.2 知对任何 $z \in D$ 有 $f'(z) \neq 0$, 故 f 在 D 中任何点都是保角的. 因此单叶解析函数也称为**共形映照**.

定理 6.2.1 若 f 在开域 D 中单叶解析, 则反函数 f^{-1} 在开域 $f(D)$ 中也单叶解析.

证明 首先证明 f^{-1} 在开域 $f(D)$ 中连续. 任取 $w_0 = f(z_0) \in f(D)$. 由定理 6.1.1 (i) 知对任何 $\varepsilon > 0$, 有 $\delta > 0$ 使 $V(w_0, \delta) \subset f(V(z_0, \varepsilon))$, 即 $f^{-1}(V(w_0, \delta)) \subset V(z_0, \varepsilon)$. 这就是说对任何 $|w - w_0| < \delta$ 有 $|f^{-1}(w) - f^{-1}(w_0)| < \varepsilon$. 从而 f^{-1} 在开域 $f(D)$ 中连续. 于是当 $w \neq w_0$, $w \to w_0$ 时, $z = f^{-1}(w) \to f^{-1}(w_0) = z_0$, 因此

$$\frac{f^{-1}(w) - f^{-1}(w_0)}{w - w_0} = \frac{z - z_0}{f(z) - f(z_0)} \xrightarrow{w \to w_0} \frac{1}{f'(z_0)}.$$

故 f^{-1} 在 w_0 可导. 由 w_0 的任意性得 f^{-1} 在开域 $f(D)$ 中解析. □

6.3 开域的解析同构与解析自同构

设 D 和 G 是两个开域. 若有 D 上的单叶解析函数 f 使 $f(D) = G$, 则称 D 和 G 是**解析同构**的, 并称 f 是 D 到 G 的一个解析同构. 此时显然 f^{-1} 是 G 到 D 的解析同构.

又若 f 是开域 D 到其自身的一个解析同构, 则称 f 是 D 上的一个**解析自同构**.

下面的结论是明显成立的.

定理 6.3.1 (i) 若 $f: D \to G$ 和 $g: G \to H$ 都是解析同构, 则 $g \circ f: D \to H$ 是解析同构.

(ii) 若 f 和 g 都是开域 D 到 G 的解析同构, 则 $g^{-1} \circ f$ 是 D 的解析自同构, $g \circ f^{-1}$ 是 G 的解析自同构.

注 为证 $f: D \longrightarrow G$ 是解析同构, 先证 f 在 D 上解析. 再证明对任何 $z \in D$ 有 $f(z) \in G$. 最后证明对任何 $w \in G$, 有唯一的 $z \in D$ 使 $f(z) = w$.

例 1 设 $|\alpha| < 1$,

$$w = g(z) = \frac{\alpha - z}{1 - \bar{\alpha} z},$$

则 g 是单位圆盘 $V(0,1)$ 的解析自同构.

事实上, g 在 $|z| \leqslant 1$ 上解析, 并且当 $z = e^{i\theta}$ 时,

$$|g(z)| = \left| \frac{\alpha - e^{i\theta}}{1 - \bar{\alpha} e^{i\theta}} \right| = \left| \frac{\alpha e^{-i\theta} - 1}{1 - \bar{\alpha} e^{i\theta}} \right| = 1,$$

即 g 在圆周 $|z| = 1$ 上的模为常数 1. 从而由最大模原理知当 $|z| < 1$ 时 $|g(z)| < 1$. 其次对任何 $|w| < 1$, 若取 $z = g(w)$, 则由已知得 $|z| < 1$, 并容易验证 $g(z) = w$. 因此 g 是单位圆盘 $V(0,1)$ 的解析自同构.

注 对本例中的函数 g 来说, 其反函数 g^{-1} 与 g 相等.

例 2 设 $\operatorname{Im} z_0 > 0$,

$$w = g(z) = \frac{z - z_0}{z - \bar{z}_0},$$

则 g 是上半平面 $\operatorname{Im} z > 0$ 到单位圆盘 $V(0,1)$ 的解析同构.

事实上, g 在上半平面解析. 其次设 $z = x + iy, z_0 = x_0 + iy_0, y > 0, y_0 > 0$, 则

$$|g(z)|^2 = \frac{(x - x_0)^2 + (y - y_0)^2}{(x - x_0)^2 + (y + y_0)^2} < 1,$$

即 $g(z) \in V(0,1)$. 而对任何 $w \in V(0,1)$, 取 $z = \dfrac{z_0 - w\bar{z}_0}{1 - w}$, 则 $g(z) = w$, 并且容易得知 $\operatorname{Im} z = \dfrac{y_0(1 - |w|^2)}{|1 - w|^2} > 0$, 即 z 在上半平面. 因此 g 是上半平面到 $V(0,1)$ 的解析同构.

定理 6.3.2 为使 f 是单位圆盘 $V(0,1)$ 的解析自同构, 充要条件是有 $|\alpha| < 1$ 及实数 λ 使

$$f(z) = e^{i\lambda} \frac{\alpha - z}{1 - \bar{\alpha} z}.$$

证明 只需证必要性. 设 f 是单位圆盘 $V(0,1)$ 的解析自同构. 故必有 $|\alpha| < 1$ 使 $f(\alpha) = 0$.

令函数 $g(z)$ 如例 1, 则 g 是 $V(0,1)$ 的解析自同构并且 $g(0) = \alpha$. 此时由定理 6.3.1(ii) 知 $h = f \circ g$ 是 $V(0,1)$ 的解析自同构并且 $h(0) = f(g(0)) = f(\alpha) = 0$. 于是由 Schwarz 定理, $|h(z)| \leqslant |z|$. 同样 h^{-1} 也是 $V(0,1)$ 的解析自同构并且 $h^{-1}(0) = 0$, 因此 $|h^{-1}(z)| \leqslant |z|$ 或等价地, $|z| \leqslant |h(z)|$. 于是对任何 $|z| < 1$ 有 $|h(z)| = |z|$. 再根据 Schwarz 定理, $h(z) = e^{i\lambda} z$, 其中 λ 为实数. 这样 $f(g(z)) = e^{i\lambda} z$, $f(z) = e^{i\lambda} g^{-1}(z) = e^{i\lambda} \dfrac{\alpha - z}{1 - \bar{\alpha} z}$. □

定理 6.3.3 为使 f 是上半平面 $\operatorname{Im} z > 0$ 到单位圆盘 $V(0,1)$ 的解析同构, 充要条件是有 $\operatorname{Im} z_0 > 0$ 及实数 λ 使

$$f(z) = e^{i\lambda} \frac{z - z_0}{z - \bar{z}_0}.$$

证明 本定理的证明可由例 2 及定理 6.3.2 中的类似方法得到. 请读者自行完成. □

6.4　分式线性变换

形如

$$w = T(z) = \frac{az+b}{cz+d}, \quad ad - bc \neq 0$$

的分式线性变换称为 Möbius 变换, 简称为 M 变换. 6.3 节中的例 1 和例 2 都是 M 变换. 一般 M 变换有下列一些简单性质:

(i) 对任何 $z \in \mathbb{C}$, $az+b$ 与 $cz+d$ 不同时为 0;

(ii) 当 $c=0$ 时 $ad \neq 0$, 此时 $T(z) = \dfrac{1}{d}(az+b)$ 是复平面 $\mathbb{C}$ 的解析自同构;

(iii) 当 $c \neq 0$ 时, $T(z)$ 是从开域 $\mathbb{C} - \left\{-\dfrac{d}{c}\right\}$ 到 $\mathbb{C} - \left\{\dfrac{a}{c}\right\}$ 的解析同构, 其逆映射为

$$T^{-1}(w) = \frac{dw-b}{-cw+a},$$

它也是一个 M 变换.

若定义

$$T\left(-\frac{d}{c}\right) = \infty, \quad T(\infty) = \frac{a}{c},$$

则容易得知 $w = T(z)$ 是 $\mathbb{C}_\infty$ 到其自身的一个完全 1-1 映射.

称点 z_1 和 z_2 关于直线 l 对称, 若 l 是连结 z_1 和 z_2 的线段的垂直平分线 (图 6.4.1).

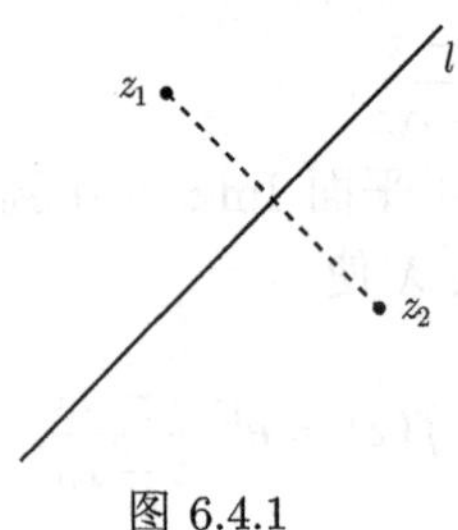

图 6.4.1

若 l 是圆周: $|z-a| = R$, 并且点 z_1 和 z_2 满足

$$(z_1 - a)(\overline{z}_2 - \overline{a}) = R^2,$$

则称 z_1 **和** z_2 **关于圆周** $|z-a|=R$ **对称** (图 6.4.2). 此时 z_1 和 z_2 位于从圆心 a 出发的同一根半射线上. 此外我们规定圆心 a 与无穷远点 ∞ 关于圆周 $|z-a|=R$ 对称.

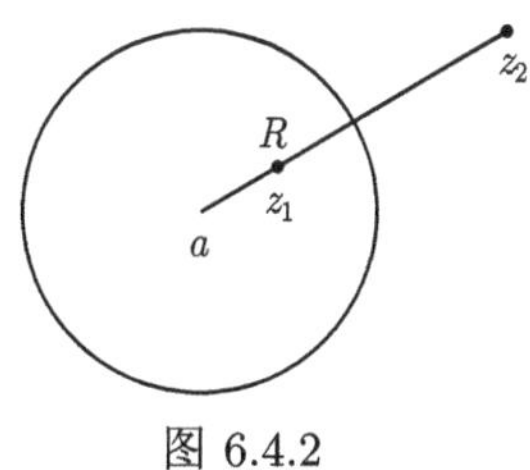

图 6.4.2

以后 $\mathbb{C}$ 中的直线和圆周统称为 $\mathbb{C}_\infty$ 中的圆周. 下面的引理是解析几何中的结论换之以复数的说法. 我们省略其证明. (也可参见定理 1.3.1 后的例 4.)

引理 6.4.1 为使 Γ 是 $\mathbb{C}_\infty$ 中的圆周, 充要条件是有 $0<k\leqslant 1$ 及复数 z_1 和 z_2, 使 Γ 是方程

$$\left|\frac{z-z_1}{z-z_2}\right|=k$$

的解的全体, 并且 z_1 和 z_2 关于 Γ 对称. 特别地, 当 $k=1$ 时, Γ 是 $\mathbb{C}$ 中连结 z_1 和 z_2 的线段的垂直平分线; 当 $0<k<1$ 时, Γ 是 $\mathbb{C}$ 中的圆周, 圆心 $a=\dfrac{z_1-k^2z_2}{1-k^2}$, 半径 $R=\dfrac{k\,|z_1-z_2|}{1-k^2}$, 此外

$$z_1-a=\frac{k^2\,(z_2-z_1)}{1-k^2},\quad z_2-a=\frac{z_2-z_1}{1-k^2}.$$

定理 6.4.1 设 $w=T(z)=\dfrac{az+b}{cz+d}$ 是 M 变换, γ 是 $\mathbb{C}_\infty$ 中的圆周, 则 $\Gamma=T(\gamma)$ 也是 $\mathbb{C}_\infty$ 中的圆周, 并且 T 把关于 γ 对称的点变为关于 Γ 对称的点.

证明 此时由引理 6.4.1, γ 是方程 $|z-z_1|=k|z-z_2|$ 的解的全体, 其中 $z_1\neq z_2$ 关于 γ 对称, $0<k\leqslant 1$. 现由 $w=\dfrac{az+b}{cz+d}$ 得 $z=\dfrac{dw-b}{-cw+a}$, 代入以上方程, 则 Γ 上的点 w 应满足

$$\left|\frac{dw-b}{-cw+a}-z_1\right|=k\left|\frac{dw-b}{-cw+a}-z_2\right|,$$

即

$$\left|\frac{(cz_1+d)\,w-(az_1+b)}{(cz_2+d)\,w-(az_2+b)}\right|=k. \tag{6.1}$$

情形 1　$cz_1+d\neq 0,\ cz_2+d\neq 0$.

此时 (6.1) 即为 $\left|\dfrac{w-T(z_1)}{w-T(z_2)}\right|=\dfrac{k|cz_2+d|}{|cz_1+d|}$. 由引理 6.4.1, 这是 $\mathbb{C}_\infty$ 中的圆周, 即 Γ 是圆周, 并且 $T(z_1)$ 和 $T(z_2)$ 关于 Γ 对称.

情形 2　$cz_1+d\neq 0,\ cz_2+d=0$.

此时 (6.1) 为 $|w-T(z_1)|=\dfrac{k|az_2+b|}{|cz_1+d|}$, 这是一个以 $T(z_1)$ 为中心的圆. 由于 $T(z_2)=\infty$, 故 $T(z_1)$ 和 $T(z_2)$ 关于 Γ 对称.

情形 3　$cz_1+d=0,\ cz_2+d\neq 0$.

此时 (6.1) 为 $|w-T(z_2)|=\dfrac{|az_1+b|}{k|cz_2+d|}$, 这是一个以 $T(z_2)$ 为中心的圆. 由于 $T(z_1)=\infty$, 故 $T(z_1)$ 和 $T(z_2)$ 关于 Γ 对称. □

例 1　为使 M 变换 $w=T(z)$ 把实轴变为单位圆周, 充要条件是

$$w=T(z)=e^{i\lambda}\frac{z-z_0}{z-\bar{z}_0},\quad \lambda\text{是实数},\quad \operatorname{Im} z_0\neq 0. \tag{6.2}$$

证明　设 $w=T(z)=\dfrac{az+b}{cz+d}$ 把实轴变为单位圆周. 于是必定 $a\neq 0,\ c\neq 0$. 取定 $z_0=-\dfrac{b}{a}$, 则 $T(z_0)=0$, 于是 z_0 不在实轴上. 此时 z_0 和 $\bar{z}_0$ 关于实轴对称, 因此 $T(z_0)$ 和 $T(\bar{z}_0)$ 关于单位圆周对称. 但 $T(z_0)=0$ 是圆心, 故 $T(\bar{z}_0)=\infty$, 即 $c\bar{z}_0+d=0$ 或 $\bar{z}_0=-\dfrac{d}{c}$. 这样

$$w=T(z)=\frac{az+b}{cz+d}=\frac{a}{c}\cdot\frac{z+\dfrac{b}{a}}{z+\dfrac{d}{c}}=\frac{a}{c}\cdot\frac{z-z_0}{z-\bar{z}_0}.$$

又 $|T(0)|=1$, 所以 $\left|\dfrac{a}{c}\right|=1$, 即 $\dfrac{a}{c}=e^{i\lambda}$, 其中 λ 是实数. 由此得 (6.2).

反之容易验证 (6.2) 中的 M 变换 $w=T(z)$ 把实轴变为单位圆周. □

设 $z_1,z_2,z_3,z_4\in\mathbb{C}_\infty$ 是四个不同的点, 则

$$(z_1,z_2,z_3,z_4)=\frac{z_4-z_1}{z_4-z_2}:\frac{z_3-z_1}{z_3-z_2}=\frac{(z_4-z_1)(z_3-z_2)}{(z_4-z_2)(z_3-z_1)}$$

称为这有序的四个点 z_1,z_2,z_3,z_4 的**交比**.

定理 6.4.2　交比在 M 变换 $w=T(z)=\dfrac{az+b}{cz+d}$ 作用下保持不变.

证明 令 $w_k = T(z_k) = \dfrac{az_k + b}{cz_k + d}$, $k = 1, 2, 3, 4$. 则

$$w_j - w_k = \frac{(ad - bc)(z_j - z_k)}{(cz_j + d)(cz_k + d)}.$$

于是

$$(w_1, w_2, w_3, w_4) = \frac{w_4 - w_1}{w_4 - w_2} : \frac{w_3 - w_1}{w_3 - w_2} = \frac{z_4 - z_1}{z_4 - z_2} : \frac{z_3 - z_1}{z_3 - z_2} = (z_1, z_2, z_3, z_4). \quad \square$$

例 2 设 $\{z_1, z_2, z_3\}$ 和 $\{w_1, w_2, w_3\}$ 是复平面上两组两两不同的点. 求 M 变换 $w = T(z) = \dfrac{az + b}{cz + d}$, 使 $w_k = T(z_k)$, $k = 1, 2, 3$.

解 任取 $z \notin \{z_1, z_2, z_3\}$, 若 $w = T(z)$, 则由于 M 变换保持交比不变, 故

$$\frac{w - w_1}{w - w_2} : \frac{w_3 - w_1}{w_3 - w_2} = \frac{z - z_1}{z - z_2} : \frac{z_3 - z_1}{z_3 - z_2}.$$

由上式解出的 w 作为 z 的函数即是我们所要求的 $w = T(z) = \dfrac{az + b}{cz + d}$.

6.5 Vitali 定理

设 $\mathscr{F}$ 是一族定义在开域 D 上的函数. 若有 $M > 0$ 使

$$|f(z)| \leqslant M, \quad \forall f \in \mathscr{F}, \quad \forall z \in D,$$

则称 $\mathscr{F}$ 在 D 上一致有界. 若 $\mathscr{F}$ 在 D 的任一紧子集上一致有界, 则称 $\mathscr{F}$ 在 D 上紧一致有界.

例如 $\left\{\dfrac{1}{1 - z^n}\right\}_{n\geqslant 1}$ 在 $V(0, 1)$ 上紧一致有界, 但不一致有界.

引理 6.5.1 设开域 D 上的解析函数列 $\{f_n(z)\}_{n\geqslant 1}$ 紧一致有界. 又 A 是 D 的一个稠子集, 使得对每一 $a \in A$, $\{f_n(a)\}_{n\geqslant 1}$ 收敛. 则 $\{f_n(z)\}_{n\geqslant 1}$ 在 D 上紧一致收敛.

证明 任取 $\varepsilon > 0$ 及 $z_0 \in D$. 取定 $\lambda > 0$ 使 $\overline{V}(z_0, \lambda) \subset D$. 由于 $\{f_n(z)\}_{n\geqslant 1}$ 在 $\overline{V}(z_0, \lambda)$ 上一致有界, 故有 $M > 0$ 使

$$|f_n(z)| \leqslant M, \quad \forall n \geqslant 1, \quad \forall z \in \overline{V}(z_0, \lambda).$$

令 $\delta = \min\left\{\dfrac{\lambda}{2}, \dfrac{\lambda\varepsilon}{24M}\right\}$. 由于 A 在 D 中稠, 因此有 $a \in A \cap V(z_0, \delta)$ (图 6.5.1).

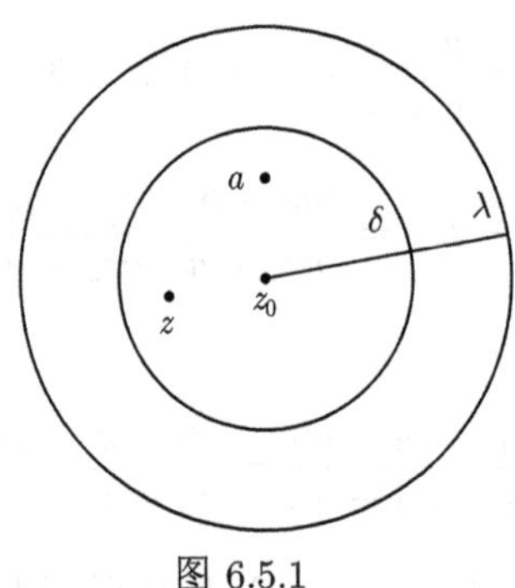

图 6.5.1

现在 $\{f_n(a)\}_{n\geqslant 1}$ 收敛, 故有 N 使

$$|f_m(a)-f_n(a)|<\frac{\varepsilon}{3},\quad \forall m,n>N.$$

现对任何 $z\in V(z_0,\delta)$, 对一切 $m\geqslant 1$, 由 Cauchy 公式,

$$\begin{aligned}|f_m(z)-f_m(a)|&=\left|\frac{1}{2\pi i}\int_{|w-z_0|=\lambda}\frac{f_m(w)dw}{w-z}-\frac{1}{2\pi i}\int_{|w-z_0|=\lambda}\frac{f_m(w)dw}{w-a}\right|\\&=\left|\frac{1}{2\pi i}\int_{|w-z_0|=\lambda}\frac{f_m(w)(z-a)}{(w-z)(w-a)}dw\right|\\&\leqslant\frac{1}{2\pi}\cdot M\cdot 2\delta\cdot\frac{1}{\frac{\lambda}{2}\cdot\frac{\lambda}{2}}\cdot 2\pi\lambda\\&=\frac{8M\delta}{\lambda}\leqslant\frac{8M}{\lambda}\cdot\frac{\lambda\varepsilon}{24M}=\frac{\varepsilon}{3}.\end{aligned}$$

这样对任何 $m,n>N$ 及任何 $z\in V(z_0,\delta)$,

$$\begin{aligned}|f_m(z)-f_n(z)|&\leqslant|f_m(z)-f_m(a)|+|f_m(a)-f_n(a)|+|f_n(a)-f_n(z)|\\&<\frac{\varepsilon}{3}+\frac{\varepsilon}{3}+\frac{\varepsilon}{3}=\varepsilon.\end{aligned}$$

由 $z_0\in D$ 的任意性及有限覆盖定理, 得知 $\{f_n(z)\}_{n\geqslant 1}$ 在 D 上紧一致收敛. □

定理 6.5.1(Montel) 若开域 D 上的解析函数族 $\mathscr{F}$ 紧一致有界, 则 $\mathscr{F}$ 中任一列函数 $\{f_n(z)\}_{n\geqslant 1}$ 中必有在 D 上紧一致收敛的子列.

证明 令 $A=\{a_j\}_{j\geqslant 1}$ 是 D 中有理点全体 (即实部和虚部都为有理数的复数). 现 $\{f_n(a_1)\}_{n\geqslant 1}$ 有界, 故有 $\{f_n\}_{n\geqslant 1}$ 的子列 $\{f_n^{(1)}\}_{n\geqslant 1}$ 使 $\{f_n^{(1)}(a_1)\}_{n\geqslant 1}$ 收敛. 又 $\{f_n^{(1)}(a_2)\}_{n\geqslant 1}$ 有界, 故有 $\{f_n^{(1)}\}_{n\geqslant 1}$ 的子列 $\{f_n^{(2)}\}_{n\geqslant 1}$ 使 $\{f_n^{(2)}(a_2)\}_{n\geqslant 1}$ 收

敛. 此时当然 $\{f_n^{(2)}(a_1)\}_{n\geqslant 1}$ 也收敛. 一般若第 $j-1$ 次已选出子列 $\{f_n^{(j-1)}\}_{n\geqslant 1}$, 它使 $\{f_n^{(j-1)}(a_k)\}_{n\geqslant 1}$ 皆收敛, $k=1,2,\cdots,j-1$, 则由于 $\{f_n^{(j-1)}(a_j)\}_{n\geqslant 1}$ 有界, $\{f_n^{(j-1)}\}_{n\geqslant 1}$ 中有子列 $\{f_n^{(j)}\}_{n\geqslant 1}$ 使 $\{f_n^{(j)}(a_j)\}_{n\geqslant 1}$ 收敛. 如此等等.

现取函数列 $\{f_n^{(n)}\}_{n\geqslant 1}$. 则对任何固定 $a_j\in A$, 由于对一切 $n\geqslant j$, $f_n^{(n)}$ 都是 $\{f_s^{(j)}\}_{s\geqslant 1}$ 中的项, 因此 $\{f_n^{(n)}(a_j)\}_{n\geqslant 1}$ 收敛. 由于 A 在 D 中稠, 所以由引理 6.5.1 知 $\{f_n^{(n)}(z)\}_{n\geqslant 1}$ 在 D 中紧一致收敛. □

定理 6.5.2(Vitali) 设开域 D 上的解析函数列 $\{f_n(z)\}_{n\geqslant 1}$ 紧一致有界, D 中的点列 $\{a_j\}_{j\geqslant 1}$ 在 D 中有聚点, 并且对每一 $j\geqslant 1$, $\{f_n(a_j)\}_{n\geqslant 1}$ 收敛. 则 $\{f_n(z)\}_{n\geqslant 1}$ 在 D 中紧一致收敛.

证明 由定理 6.5.1, $\{f_n(z)\}_{n\geqslant 1}$ 中有子列 $\{f_{n_k}(z)\}_{k\geqslant 1}$ 在 D 中紧一致收敛于一个解析函数 $f(z)$. 下面证明 $\{f_n(z)\}_{n\geqslant 1}$ 本身在 D 中紧一致收敛 $f(z)$.

事实上若情况不是如此, 于是 $\{f_n(z)\}_{n\geqslant 1}$ 在 D 的某一紧集 F 上不一致收敛 $f(z)$. 这样就有 $\delta>0$, 使对任何 m, 有某 $p_m>m$ 及 $z_m\in F$ 使

$$\left|f_{p_m}(z_m)-f(z_m)\right|\geqslant\delta,\quad m=1,2,\cdots. \tag{6.3}$$

但 $\{f_{p_m}\}_{m\geqslant 1}$ 在 D 中紧一致有界, 故由定理 6.5.1, $\{f_{p_m}\}_{m\geqslant 1}$ 中有子列 $\{f_{p_{m_s}}\}_{s\geqslant 1}$ 在 D 中紧一致收敛一个解析函数 $g(z)$. 此时由本定理条件知对每一 $j\geqslant 1$

$$f(a_j)=\lim_{k\to\infty}f_{n_k}(a_j)=\lim_{s\to\infty}f_{p_{m_s}}(a_j)=g(a_j).$$

于是由解析函数唯一性定理, f 与 g 在 D 中相等. 因此 $\{f_{p_{m_s}}\}_{s\geqslant 1}$ 在 D 中紧一致收敛 f, 特别在 F 上一致收敛 f. 故应有 S, 使对一切 $s>S$ 及一切 $z\in F$ 有 $\left|f_{p_{m_s}}(z)-f(z)\right|<\delta$, 此与 (6.3) 矛盾. □

6.6 Riemann 映照定理

引理 6.6.1 若 f 在单连通开域 D 中解析且无零点, 则 $f=h^2$, 其中 $h\in H(D)$.

证明 此时 $\dfrac{f'(z)}{f(z)}\in H(D)$. 由于 D 单连通, 故 $\dfrac{f'(z)}{f(z)}$ 在 D 中积分与路径无关 (定理 3.4.1). 若取定 $z_0\in D$, 则 $g(z)=\displaystyle\int_{z_0}^{z}\frac{f'(w)}{f(w)}dw$ 是 $\dfrac{f'(z)}{f(z)}$ 的原函数, 即 $g'(z)=\dfrac{f'(z)}{f(z)}$ 或 $f'(z)=f(z)g'(z)$. 这样在 D 中

$$\left[f(z)e^{-g(z)}\right]'=f'(z)e^{-g(z)}-f(z)g'(z)e^{-g(z)}\equiv 0.$$

于是 $f(z)e^{-g(z)}$ 是常数 $C \neq 0$, 即 $f(z) = Ce^{g(z)}$. 故 $h(z) = Be^{g(z)/2}$ 满足引理 6.6.1 要求, 其中 $B^2 = C$. □

引理 6.6.2　若开域 D 中的单叶解析函数列 $\{f_n(z)\}_{n\geqslant 1}$ 紧一致收敛于非常数的解析函数 $f(z)$, 则 $f(z)$ 也是单叶的.

证明　任取 $z_1 \in D$. 则 $\{f_n(z) - f_n(z_1)\}_{n\geqslant 1}$ 在 D 中紧一致收敛于 $f(z) - f(z_1)$. 但 $f(z)-f(z_1)$ 非常数, 故由 Hurwitz 定理 (定理 4.8.4), $f(z)-f(z_1)$ 的零点应是 $\{f_n(z) - f_n(z_1)\}_{n\geqslant 1}$ 的零点的极限点. 但对每一 $n \geqslant 1$, $f_n(z) - f_n(z_1)$ 只有唯一的零点 z_1, 因此 $f(z)-f(z_1)$ 的零点只能是 z_1, 即当 $z_2 \neq z_1$ 时 $f(z_2)-f(z_1) \neq 0$ 或 $f(z_2) \neq f(z_1)$. 于是 $f(z)$ 单叶. □

引理 6.6.3　设 $0 < |\alpha| < 1$, λ 为实数, $T(z) = e^{i\lambda}\dfrac{\alpha - z}{1 - \bar{\alpha}z}$. 则

(i) $|T'(z)| > 1 - |T(z)|^2, \forall 0 < |z| < 1$ (当 $z = 0$ 时不等式变为等式);

(ii) $|T'(z)|^2 > 4|T(z)|(1 - |T(z)|)^2, \forall 0 \leqslant |z| < 1$.

证明　(i) 易知 $|T'(z)| = \dfrac{1 - |\alpha|^2}{|1 - \overline{\alpha}z|^2}, 1 - |T(z)|^2 = \dfrac{(1 - |\alpha|^2)(1 - |z|^2)}{|1 - \overline{\alpha}z|^2}$, 由此得 (i). 其次由于 $(1 + |T(z)|)^2 > 4|T(z)|$, 从而由 (i), 只要 $0 \leqslant |z| < 1$, 就有

$$|T'(z)|^2 \geqslant (1 + |T(z)|)^2 (1 - |T(z)|)^2 > 4|T(z)| (1 - |T(z)|)^2 .$$

此即为 (ii). □

定理 6.6.1(Riemann 映照定理)　任何不为全复平面的单连通开域必与单位圆盘解析同构.

证明　设 D 是不为全复平面 $\mathbb{C}$ 的单连通开域. 我们先证明以下两个命题.

(P_1) 存在 D 上单叶解析函数 f, 使 $f(D) \subset V(0,1)$.

事实上取 $a \in \mathbb{C} - D$, 则 $z - a$ 在 D 上单叶解析而且无零点. 由引理 6.6.1, 有 $h \in H(D)$ 使 $z - a = h^2(z)$. 此时 $h(z)$ 在 D 上也单叶解析而且无零点. 由开映像原理 (定理 6.1.1), $h(D)$ 是一个开域. 从而有 $z_0 \in D$ 及 $r > 0$ 使 $V(w_0, r) \subset h(D)$, 其中 $w_0 = f(z_0)$. 现证

$$|h(z) + w_0| \geqslant r, \quad \forall z \in D. \tag{6.4}$$

事实上若有 $z^* \in D$ 使 $|h(z^*) + w_0| < r$, 即 $-h(z^*) \in V(w_0, r)$, 就有 $z_* \in D$ 使 $-h(z^*) = h(z_*)$. 于是从 $z^* - a = h^2(z^*) = h^2(z_*) = z_* - a$ 得 $z^* = z_*$. 这样由 $-h(z^*) = h(z^*)$ 知 $h(z^*) = 0$. 这与 $h(z)$ 在 D 上无零点矛盾. (6.4) 得证. 现任取 $0 < |\lambda| < r$ 并令 $f(z) = \dfrac{\lambda}{h(z) + w_0}$, 则 $f(z)$ 在 D 上单叶解析而且 $|f(z)| \leqslant \dfrac{\lambda}{r} < 1$, 即 $f(D) \subset V(0,1)$.

(P_2) 设 $\mathscr{F}$ 是 D 上满足 $f(D)\subset V(0,1)$ 的单叶解析函数 f 的全体, z_0 是 D 中任一点. 今若 $f\in\mathscr{F}$ 并且 $f(D)\neq V(0,1)$, 则必有 $g\in\mathscr{F}$ 使 $|g'(z_0)|>|f'(z_0)|$.

事实上此时可取 $\alpha\in V(0,1)-f(D)$, 并令 $T(z)=\dfrac{\alpha-z}{1-\overline{\alpha}z}$. 则 $T(f(z))$ 在 D 上单叶解析而且无零点. 由引理 6.6.1, 有 $h\in H(D)$ 使 $T(f(z))=h^2(z)$. 当然 $h(z)$ 也是单叶的并且 $h\in\mathscr{F}$. 此外由定理 6.1.2, $h'(z)\neq 0$. 现可证 $g(z)=\dfrac{h(z_0)-h(z)}{1-\overline{h(z_0)}h(z)}$ 满足本命题的要求. 为此只需证明 $|g'(z_0)|>|f'(z_0)|$. 事实上由简单运算得知

$$|g'(z_0)|=\frac{|h'(z_0)|}{1-|h(z_0)|^2}.$$

另一方面在 $T(f(z))=h^2(z)$ 两边求导得

$$|f'(z_0)|=\frac{2|h(z_0)||h'(z_0)|}{|T'(f(z_0))|}.$$

这样为证 $|g'(z_0)|>|f'(z_0)|$, 等价于证明 $\dfrac{1}{1-|h(z_0)|^2}>\dfrac{2|h(z_0)|}{|T'(f(z_0))|}$, 即 (两边平方)

$$|T'(f(z_0))|^2>4|h(z_0)|^2\left[1-|h(z_0)|^2\right]^2=4|T(f(z_0))|\left[1-|T(f(z_0))|\right]^2.$$

而由引理 6.6.3(ii) 知这最后一个不等式是成立的.

现在根据命题 (P_2), 我们取定一个 $h\in\mathscr{F}$, 然后令

$$\lambda=\sup\{|g'(z_0)|:g\in\mathscr{F},|g'(z_0)|\geqslant|h'(z_0)|\}.$$

于是有 $g_n\in\mathscr{F}$ 使 $\lim\limits_{n\to\infty}|g_n'(z_0)|=\lambda$. 又 $\mathscr{F}$ 在 D 上一致有界, 故由定理 6.5.1, $\{g_n\}_{n\geqslant 1}$ 有子列 $\{g_{n_k}\}_{k\geqslant 1}$ 在 D 上紧一致收敛于一个解析函数 f. 此时由定理 4.1.1, $\{g_{n_k}'\}_{k\geqslant 1}$ 在 D 上也紧一致收敛于 f'. 特别地, $0<\lambda=\lim\limits_{k\to\infty}|g_{n_k}'(z_0)|=|f'(z_0)|<+\infty$. 因此 f 不是常数. 再从 $|f(z)|\leqslant 1$ 及最大模原理知 $|f(z)|<1$, 并且从引理 6.6.2 得知 f 也是单叶的. 从而 $f\in\mathscr{F}$. 现在必定有 $f(D)=V(0,1)$, 即 f 是 D 到 $V(0,1)$ 的解析同构. 因为不然由命题 (P_2), 应有 $g\in\mathscr{F}$ 使得 $|g'(z_0)|>|f'(z_0)|=\lambda$, 这和上述 λ 的定义矛盾. □

推论 设 D 是复平面上不为 $\mathbb{C}$ 的单连通域, $a\in D$. 则存在唯一一个从 D 到 $V(0,1)$ 的解析同构 f, 使 $f(a)=0$, $f'(a)>0$.

证明 由 Riemann 映照定理, 可取 D 到 $V(0,1)$ 的解析同构 g. 由于 g 单叶, 故 $g'(a)\neq 0$. 令 $-g'(a)=|g'(a)|\,e^{-i\lambda}$, 其中 λ 为实数, 再令 $h(z)=e^{i\lambda}\dfrac{g(a)-z}{1-\overline{g(a)}z}$. 则 h 是 $V(0,1)$ 的解析自同构. 从而

$$f(z)=(h\circ g)(z)=e^{i\lambda}\frac{g(a)-g(z)}{1-\overline{g(a)}g(z)}$$

是 D 到 $V(0,1)$ 的解析同构. 容易验证 $f(a)=0, f'(a)=\dfrac{|g'(a)|}{1-|g(a)|^2}>0$. 即满足推论中的 f 是存在的. 现假设 F 是满足推论中条件的另一个从 D 到 $V(0,1)$ 的解析同构. 此时 $f\circ F^{-1}$ 是 $V(0,1)$ 的解析自同构, 并且 $(f\circ F^{-1})(0)=f(F^{-1}(0))=f(a)=0$. 故由 Schwarz 定理, $|f(F^{-1}(z))|\leqslant|z|, |f(z)|\leqslant|F(z)|$. 若讨论 $F\circ f^{-1}$, 又可得 $|F(z)|\leqslant|f(z)|$. 这样对一切 $z\in D$ 有 $|f(z)|=|F(z)|$, 或对一切 $z\in V(0,1)$ 有 $|f(F^{-1}(z))|=|z|$. 再由 Schwarz 定理得 $f(F^{-1}(z))=e^{i\alpha}z$ 或 $f(z)=e^{i\alpha}F(z)$, 其中 α 是实数. 于是 $f'(a)=e^{i\alpha}F'(a)$. 但 $f'(a)$ 和 $F'(a)$ 都大于 0, 从而 $e^{i\alpha}=1$. 这样对一切 $z\in D$ 有 $f(z)=F(z)$. □

习 题 6

1. (i) 设 $D=\{z:0<\arg z<\alpha<\pi\}$, 试求 D 到上半平面 $\operatorname{Im}z>0$ 的一个解析同构 $f(z)$, 使 $f(e^{i\alpha/2})=i$;

(ii) 试求 $D=\left\{z:0<\arg z<\dfrac{\pi}{2}\right\}$ 到 $V(0,1)$ 的一个解析同构 $f(z)$, 使 $f(1+i)=0$.

2. 设 $f(z)=\log z, z\in D=\{z:z\neq 0, 0<\arg z<\alpha<\pi\}$. 试求 $E=f(D)$. 试问 f 是否是 D 到 E 的解析同构?

3. 试问 $A=\{z:0<|z|<1\}$ 与 $B=\{z:1<|z|<2\}$ 是否解析同构?

4. 列举 $0<a<b\leqslant c<d$, 使圆环 $A=\{z:a<|z|<b\}$ 与 $B=\{z:c<|z|<d\}$ 解析同构.

5. 设 $f(z)$ 在点 a 解析, 求证在 a 的任一邻域中必有两个不同的点 z_1 和 z_2 使

$$f'(a)=\frac{f(z_1)-f(z_2)}{z_1-z_2}.$$

6. 设 $f\in H(V(0,1)), |f(z)|<1$. 求证或者 $f(z)\equiv z$, 或者 $f(z)$ 至多只有一个不动点.

7. 设 $f(z)$ 在上半平面 $\operatorname{Im}z>0$ 解析, $|f(z)|\leqslant 1$, $f(i)=0$, 求证 $|f(2i)|\leqslant\dfrac{1}{3}$.

8. 设 D 是有界开域, $f\in H(D), f(D)\subset D, a\in D, f(a)=a$.

(i) 令 $f_1=f, f_n=f\circ f_{n-1}$, 求 $f_n'(a)$ 并证明 $|f'(a)|\leqslant 1$;

(ii) 若 $f'(a)=1$, 求证 $f(z)\equiv z$;

(iii) 若 D 是单连通开域 (不一定有界), $D\neq\mathbb{C}$, 求证 (i) 中的结论 $|f'(a)|\leqslant 1$ 仍成立.

9. 设 $f \in H(V(0,1))$, $|f(z)|<1$, $|z_0|<1$. 求证对任何 $|z|<1$,

$$\left|\frac{f(z_0)-f(z)}{1-\overline{f(z_0)}f(z)}\right| \leqslant \left|\frac{z_0-z}{1-\bar{z}_0 z}\right|, \quad |f'(z)| \leqslant \frac{1-|f(z)|^2}{1-|z|^2}.$$

10. 设 f 是 $V(0,1)$ 到中心在 O 的正方形的解析同构, $f(0)=0$.

(i) 求证 $f(iz)=if(z)$;

(ii) 若 $f(z)=\sum\limits_{n=1}^{\infty} a_n z^n$, 求证当 $n-1$ 不是 4 的整数倍时 $a_n=0$.

部分习题参考答案与提示

习 题 1

1. $-4+9i,\ 12+13i,\ -117-44i,\ \dfrac{1}{74}(19-3i)$.
2. 0.
3. $\dfrac{3}{5}$.
4. $0, \tan\dfrac{\theta}{2}$.
5. 1, 10.

10. (ii) 先写成 $A|z|^2+Bz+\overline{Bz}+C=0$, 然后参阅 1.3 节例 4.

11. $\dfrac{\sqrt{2}}{2}e^{i5\pi/12}$.

12. $z=\dfrac{1}{2}\left(1-i\tan\dfrac{t}{2}\right)=\begin{cases}\dfrac{1}{2\cos\dfrac{t}{2}}e^{-it/2}, & 0\leqslant t<\pi,\\ \dfrac{-1}{2\cos\dfrac{t}{2}}e^{i(\pi-t/2)}, & \pi<t\leqslant 2\pi.\end{cases}$

13. 等式成立充要条件为 $\{\arg z_k\}_{1\leqslant k\leqslant n}$ 是常数列.

14. 考虑 $zf(z)$ 与 $f(z)$ 的关系.

18. 其中一个旋转 $\dfrac{\pi}{2}$ 角与另一个在同一半射线上.

19. 不妨设 $z_1=1, z_2=e^{i\alpha}, z_3=e^{i\beta}$, 其中 $0\leqslant\alpha\leqslant\dfrac{\pi}{2}, \alpha\leqslant\beta<\pi$.

21. 研究复平面上 a_1-a_3 与 a_1-a_2 的关系, a_2-a_1 与 a_2-a_3 的关系.

22. 参阅定理 1.6.1 的证明.

习 题 2

8. $(1+i)z^2$.

10. (ii) 固定 w, 在 $f(z+w)=f(z)f(w)$ 两边对 z 求导.

12. $\sin(1-i)=\sin 1\cosh 1-i\cos 1\sinh 1$.

13. (ii) $z=i\ln(\sqrt{2}+1)+2n\pi$ 及 $z=(2n+1)\pi-i\ln(\sqrt{2}+1)$.

(iv) $\dfrac{3\pi}{4}+n\pi$.

17. 当 $a>0$ 时为 0, 当 $a<0$ 时为 $2i\pi$.

18. 令 $z=re^{i\theta}$, 则 $|z|=r$, 此时对任何实数 θ,

$$\left|\frac{e^{i\theta}-\alpha}{1-\overline{\alpha}e^{i\theta}}\right|=1,$$

因此本题实际上是要证

$$\lim_{r<1,r\to1}\left|\frac{re^{i\theta}-\alpha}{1-\overline{\alpha}re^{i\theta}}\right|=\left|\frac{e^{i\theta}-\alpha}{1-\overline{\alpha}e^{i\theta}}\right|.$$

习　题　3

1. $2\sqrt{2}i$.
2. (i) $\sqrt{5}\left(1-\dfrac{i}{2}\right)$. (ii) -2. (iii) $2i$. (iv) 0.
4. $\dfrac{1}{k!}$.
5. a.
6. 0.
7. 0.
8. $-\dfrac{1}{9}$.
9. 2.
10. 3.
11. $\dfrac{1}{8}$.
12. $\dfrac{2\pi i}{(n-1)!}[1-(-1)^{n-1}]$.
13. 0.
14. $\dfrac{\sin a}{a}$.
15. 2π.
17. 利用 Liouville 定理 (定理 3.8.2).
18. 利用导数公式.
19. 利用题设及导数公式证明 $f^{(k+1)}(z)\equiv 0$.
20. (i) 若 $f(z)$ 在 D 中无零点, 则 $\dfrac{1}{f(z)}\in H(D)$.

(ii) 考虑 $e^{if(z)}$.

21. 考虑 $e^{-f(z)}$.

22. (i) 考虑 $g(z)=\dfrac{f(z)-f(0)}{z}$.

23. 考虑 $e^{f(z)-kg(z)}$.

24. 考虑 $g(z)=zf(z)-1$.

25. 任意固定 $|z|<1$, 对任何 $0<\varepsilon<1-|z|$, 估计

$$f'(z)=\frac{1}{2\pi i}\int_{|w-z|=\varepsilon}\frac{f(w)}{(w-z)^2}dw.$$

26. 此时 $\{|f(z^{2^n})|\}_{n\geqslant 0}$ 是单增的.

27. (i) 考虑当 $r\to 1$ 时 $f(0)=\dfrac{1}{2\pi i}\displaystyle\int_{|z|=r}\frac{f(z)}{z}dz$ 的极限. (ii) 利用 (i).

29. 1.

30. 先设 $z_0=0$. 由多连通域的 Cauchy 公式, 对任何 $r>R$,

$$\frac{1}{2\pi i}\int_{|z|=R}f(z)dz=\frac{1}{2\pi i}\int_{|z|=r}f(z)dz.$$

然后研究 $r\to\infty$ 时上述右方积分的极限.

31. 利用导数公式.

32. (i) 和 (ii) 都是用最大模原理.

(iii) 研究函数 $z^nP\left(\dfrac{1}{z}\right)$.

(iv) 固定 $|z|\leqslant 1$. 估计 $|P'(z)|=\left|\dfrac{1}{2\pi i}\displaystyle\int_{|w|=1+\frac{1}{n}}\frac{P(w)}{(w-z)^2}dw\right|$, 利用 (iii) 及题 29.

33. 令 $A=\sup\limits_{z\in D}|f(z)|$, 然后证明 $A\leqslant M$.

35. 研究 $f(z)=\prod\limits_{k=1}^{n}(z-z_k)$.

习　题　4

3. 此时 $\sum\limits_{k=1}^{\infty}a_k$ 的虚部 $\sum\limits_{k=1}^{\infty}|a_k|\sin(\arg a_k)$ 是收敛的.

6. 此时 $\dfrac{f(z)}{z}$ 在 $V(0,1)$ 中解析, 从而在任何 $|z|\leqslant a<1$ 中是有界的.

12. 若有 $a\in D$ 使得 $g(a)\neq 0$, 则有 $V(a,\varepsilon)\subset D$ 使 $g(z)$ 在 $V(a,\varepsilon)$ 中没有零点. 此时可得知 $f(z)$ 的实部 $\mathrm{Re}f(z)$ 在 $V(a,\varepsilon)$ 中解析.

14. 参阅题 13.

16. 若条件满足, 则 $\lim\limits_{z\to\infty} f(z)=\infty$. 从而 0 是 $f\left(\dfrac{1}{z}\right)$ 的 n 阶极点.

17. 利用题 13.

18. 研究等式 $1=(1-z-z^2)\left(\sum\limits_{k=0}^{\infty} c_k z^k\right)$.

19. 证明必有 $n\geqslant 1$, 使得有无限多个 $|z|\leqslant\dfrac{1}{2}$ 满足 $f^{(n)}(z)=0$.

23. 等式左方是 $f(z)=\dfrac{1}{1+z^2}$ 在点 0 的幂级数展开, 所以等式右方是 $f(z)$ 在点 3 的幂级数展开. 此时只要注意 $\pm i$ 是 $f(z)$ 的极点.

24. 把 $c_0=1, c_1=-1$ 及 $k\geqslant 2$ 时 $c_k=\dfrac{1}{3}(c_{k-2}-4c_{k-1})$ 代入 $f(z)=\sum\limits_{k=0}^{\infty} c_k z^k$, 然后求出和函数 $f(z)$ 的具体表达式. 于是不难求出它在 0 的幂级数展开的收敛半径.

25. 只需证明当 a 是 f 的极点时的情形. 此时 $f(z)=\dfrac{g(z)}{(z-a)^k}$, 其中 g 在 a 解析, $g(a)=\lambda e^{i\theta}\neq 0, \lambda>0$. 先取适当的 $z_n\to a$, 使 $\mathrm{Re} f(z_n)\to+\infty$; 再取适当的 $w_n\to a$ 使 $\mathrm{Re} f(w_n)\to-\infty$. 于是 $|e^{f(z_n)}|\to+\infty, |e^{f(w_n)}|\to 0$.

26. 设 $f(z)=\dfrac{c_{-1}}{z}+c_0+c_1 z+\cdots$. 利用 $f(z)$ 在 $|z|=1$ 上为实数证明当 $k\geqslant 2$ 时

$$c_k=\frac{1}{2\pi i}\int_{|z|=1}\frac{f(z)}{z^{k+1}}dz=0.$$

27. 研究 $g(z)=\dfrac{1}{2M-f(z)}$.

28. 只需证明有 $z_n\to\infty$, 使对任何 $k\geqslant 0, \lim\limits_{n\to\infty} z_n^k f(z_n)=0$. 事实上对任何 $n\geqslant 0, \infty$ 是 $z^n f(z)$ 的本性奇点. 因此对这个 n 有 z_n 使 $|z_n|>2^n$ 且 $|z_n^n f(z_n)|<\dfrac{1}{2^n}$.

29. (i) $f(0)=1$. (ii) $f(0)=1$. (iii) $f(0)=0$. (iv) 本性奇点.
(v) 一阶极点. (vi) 本性奇点. (vii) 一阶极点. (viii) 一阶极点.

30. $f(z)=\dfrac{-1}{3(1-z)}-\dfrac{1}{3z\left(1+\dfrac{1}{2z}\right)}$ 然后展成 $\dfrac{1}{2}<|z|<1$ 中的 Laurent 级数;

$$f(z)=\frac{-2}{9\left[1-\frac{2}{3}\left(z+\frac{1}{2}\right)\right]}-\frac{1}{3\left(z+\frac{1}{2}\right)}$$, 然后展成 $0<\left|z+\frac{1}{2}\right|<\frac{3}{2}$ 中的 Laurent 级数.

31. (i) $\operatorname{Res}(f,1)=\frac{1}{4},\operatorname{Res}(f,-1)=\frac{-1}{4}$. (ii) $\operatorname{Res}(f,n\pi)=(-1)^n$.

(iii) $\operatorname{Res}(f,0)=-\frac{4}{3}$. (iv) $\operatorname{Res}(f,1)=1$. (v) $\operatorname{Res}(f,1)=1$.

(vi) $\operatorname{Res}(f,1)=\frac{e}{2},\operatorname{Res}(f,-1)=-\frac{e^{-1}}{2}$.

32. (i) $20\pi i$. (ii) $-4\pi i$. (iii) $-18\pi i$.

33. (i) $\frac{\pi}{5\sin\frac{2\pi}{5}}$. 可仿照 4.7 节中例 6 的闭路径 (图 (i)). 此时函数 $\frac{z}{z^5+1}$ 在其内部只有一个极点 $e^{i\pi/5}$.

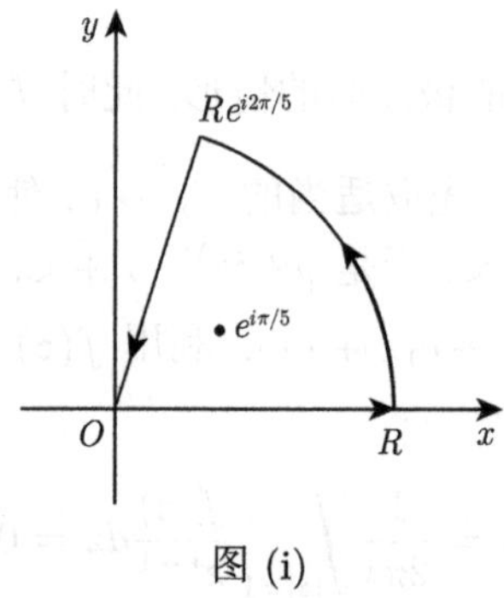

图 (i)

(ii) $\frac{4\pi}{5}\sin\frac{2\pi}{5}$. 考虑的闭路径为图 (ii), 此时函数 $\frac{z-1}{z^5-1}$ 在其内部有两个极点 $e^{i2\pi/5}$ 和 $e^{i4\pi/5}$.

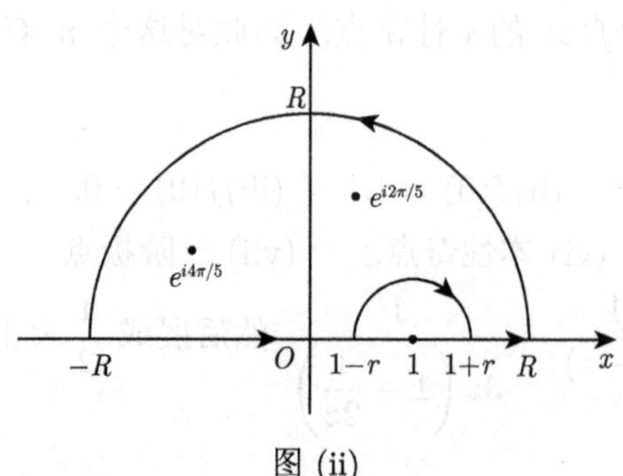

图 (ii)

(iii) $\dfrac{\pi e^{-a}}{a}$. 考虑函数 $\dfrac{e^{iz}}{a^2+z^2}$, 它在上半平面只有一个极点 ia (图 (iii)).

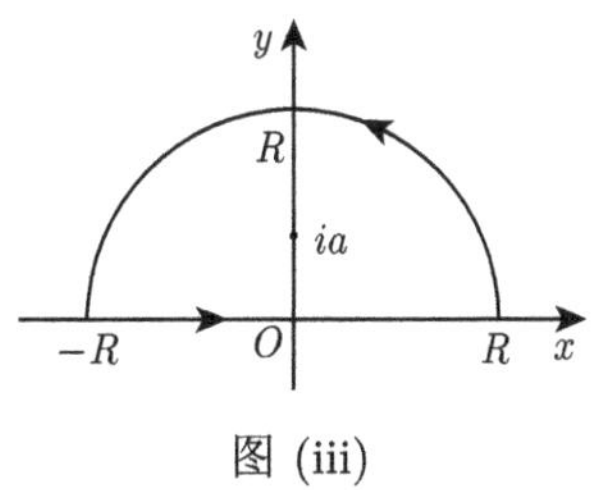

图 (iii)

(iv) $\dfrac{\pi\sin a}{a}$. 被积函数是偶函数, 所以所求积分为 $2\displaystyle\int_0^{\infty}\frac{\cos x}{a^2-x^2}dx$. 考虑函数 $\dfrac{e^{iz}}{a^2-z^2}$, 它在图 (iv) 闭路径内解析.

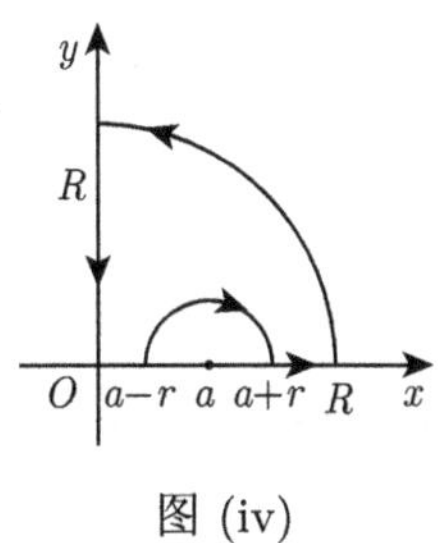

图 (iv)

(v) $\dfrac{\pi}{2}$. 考虑函数 $\dfrac{e^{iz}}{z}$, 它在图 (v) 闭路径内解析.

(vi) $\dfrac{\pi}{2}$. $\sin^2 x=\dfrac{1}{2}(1-\cos 2x)$, 所以考虑函数 $\dfrac{1-e^{i2z}}{z^2}$, 所取闭路径如图 (v). 注意计算中会用到极限 $\displaystyle\lim_{z\to 0}\frac{e^z-1}{z}=1$.

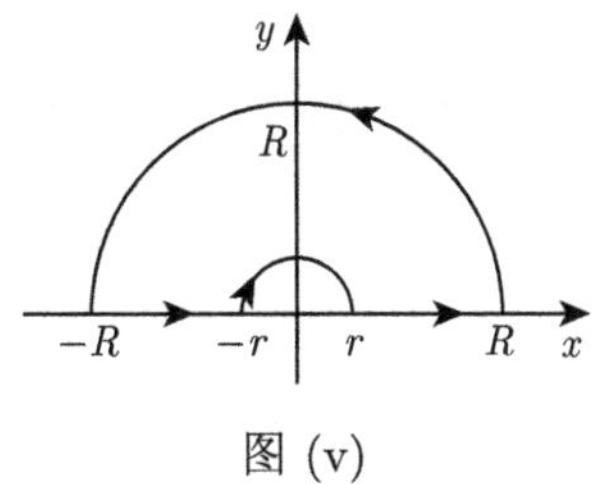

图 (v)

(vii) $\frac{2\pi}{\sqrt{3}}$. 若 $z=e^{i\theta}$,则 $\frac{1}{2+\sin\theta}=\frac{1}{2+\frac{z-\frac{1}{z}}{2i}}=\frac{2iz}{z^2+4iz-1}$, 考虑积分 $\int_{|z|=1}\frac{2dz}{z^2+4iz-1}$.

(viii) $\frac{2\pi}{3}$.

34. (i) 1,4. (ii) 2. (iii) 1. (iv) 1.

36. 此时 $f(z)=\frac{g(z)}{z-a}$, 其中 $g\in H(D), g(a)\neq 0$. 比较 $|g(z)|$和$|\lambda(z-a)|$ 在 γ 上的值, 并利用 Rouché 定理.

37. e^z 没有零点.

38. 若等式成立, 对任何 $0<r<1$ 令

$$M_r=\max_{|z|=r}\left|\frac{f(z)}{z^m}\right|\leqslant\frac{1}{r^m}.$$

由最大模原理 M_r 关于 r 是单增的. 利用题中等式得知对一切 $0<r<1$ 有 $M_r=1$. 于是 $\frac{f(z)}{z^m}$ 是模为 1 的常数.

39. 关键是证明当 $|z|=M+1$ 时

$$|P(z)-z^n|=|a_1z^{n-1}+a_2z^{n-2}+\cdots+a_n|<(M+1)|z^{n-1}|=|z^n|,$$

然后利用 Rouché 定理.

41. 基本思路是当 $a>0$ 时, z^2+a 在上半平面有且只有一个零点 $i\sqrt{a}$. 因此若令 $f(z)=z^2+a, g(z)=z+e^{iz}-a$, 并选取适当正数 $b>\sqrt{a}$, 则在半径为 b 的上半圆构成的闭路径 Γ 上会有 $|g(z)|<|f(z)|$. 于是 $f(z)+g(z)=z+z^2+e^{iz}$ 在上半平面也只有一个零点. 本题关键是 a 和 b 的选取.

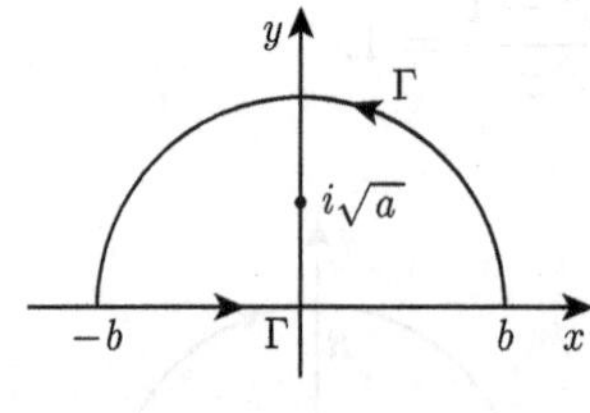

习 题 5

4. 作图会对解本题有启发.

5. $f(z)$ 收敛的充要条件是 $\left|\dfrac{z-z^2}{2}\right|<1$. 因此解本题就是研究不等式 $|z-z^2|<2$. 可以令 $z=re^{i\theta}$ 来讨论.

6. 对任何 $n\geqslant 1, f^{(n)}(z)=\sum\limits_{k=n}^{\infty}c_k\cdot k(k-1)\cdots(k-n+1)z^{k-n}$. 然后研究 $f(z)$ 在 $|z|=b$ 上任意一点 $be^{i\theta}$ 处的幂级数展开的系数.

7. 参阅引理 3.8.1.

8. 设 $f(z)$ 在 D 中的 Laurent 展开为

$$f(z)=\sum_{k=-\infty}^{\infty}c_kz^k=\cdots+\frac{c_{-2}}{z^2}+\frac{c_{-1}}{z}+c_0+c_1z+\cdots.$$

研究 f 在 D 中有原函数与 c_{-1} 的关系.

习　题　6

1. (i) $f(z)=z^{\pi/\alpha}$;

(ii) D 到上半平面解析同构为 z^2, 又 $(1+i)^2=2i$, 故所求的一个解析同构可为 $f(z)=\dfrac{z^2-2i}{z^2+2i}$.

2. $f(z)=\log z=\ln|z|+i\arg z$. $E=\{z:0<\mathrm{Im}z<\alpha\}$.

3. 假设 $f(z)$ 是 A 到 B 的解析同构, 则 $f(z)$ 是有界的. 从而 0 是 $f(z)$ 的可去奇点, 即 $f(z)$ 在 $V(0,1)$ 中解析. 研究 $f(0)$ 的值可得 f 是常数, 由此得矛盾.

5. 研究函数 $g(z)=f(z)-f'(a)z$ 在 a 附近的单叶性.

6. Schwarz 定理 (定理 3.8.1) 告诉我们, 此时若 $|f(z)|$ 在 $V(0,1)$ 中有两个不动点, 其中一个为 0, 则 $f(z)=e^{i\alpha}z$. 现若 $f(z)$ 有两个不同的不动点 a 和 b. 构造 $V(0,1)$ 的解析自同构 $g(z)$ 使 g 把其中一个变为 0. 然后研究 $h(z)=g(f(g^{-1}(z)))$.

7. 利用上半平面 $\mathrm{Im}z>0$ 到 $V(0,1)$ 的解析同构及 Schwarz 定理.

8. (i) 用归纳法求出 $f_n'(a)$, 然后利用题设条件及 Montel 定理 (定理 6.5.1).

(ii) 先利用 $f(a)=a$ 及 $f'(a)=1$ 写出 $f(z)=\sum\limits_{k=0}^{\infty}c_k(z-a)^k$, 然后研究 $f_n(z)$ 的幂级数系数与 $f(z)$ 的关系. 利用 D 的有界性, 可得出对一切 $k\geqslant 2$ 有 $c_k=0$.

(iii) 利用定理 6.6.1 的推论.

9. 令 $g(z)=\dfrac{f(z_0)-f(z)}{1-\overline{f(z_0)}f(z)}, h(z)=\dfrac{z_0-z}{1-\overline{z_0}z}$, 研究 $g(h^{-1}(z))$ 并利用 Schwarz 定理.

10. 研究 $g(z)=f^{-1}[if(z)]$.